萌宝的乐园

创意儿童空间设计

［英］阿什琳·吉布森（Ashlyn Gibson） 著

徐文敏 周洋 译

华中科技大学出版社
http://www.hustp.com
中国·武汉

图书在版编目（CIP）数据

萌宝的乐园：创意儿童空间设计/〔英〕阿什琳·吉布森（Ashlyn Gibson）著；徐文敏，周洋译.
—武汉：华中科技大学出版社，2017.10

（漫时光）

ISBN 978-7-5680-3287-2

Ⅰ.① 萌… Ⅱ.① 阿… ② 徐… ③ 周… Ⅲ.① 儿童–卧室–室内装饰设计 Ⅳ.① TU241

中国版本图书馆CIP数据核字（2017）第196893号

First published in the United Kingdom in 2015
under the title *Creative Children's Spaces* by Ryland Peters & Small,
20-21 Jockey's Fields, London WC1R 4BW.
All rights reserved.

本书简体中文版由Ryland Peters & Small授权华中科技大学出版社在中华人民共和国境内（但不含香港、澳门、台湾地区）独家出版、发行。

湖北省版权局著作权合同登记图字：17-2017-317号

萌宝的乐园：创意儿童空间设计
MENGBAO DE LEYUAN: CHUANGYI ERTONG KONGJIAN SHEJI

〔英〕阿什琳·吉布森 著
徐文敏 周洋 译

出版发行：华中科技大学出版社（中国·武汉）	电话：(027)81321913
武汉市东湖新技术开发区华工科技园	邮编：430223

责任编辑：赵 萌	美术编辑：赵 娜
责任校对：王丽丽	责任监印：朱 玢

印　　刷：武汉科源印刷设计有限公司
开　　本：710 mm×1000 mm 1/16
印　　张：10
字　　数：144千字
版　　次：2017年10月 第1版 第1次印刷
定　　价：58.00 元

投稿邮箱：zhaomeng@hustp.com
本书若有印装质量问题，请向出版社营销中心调换
全国免费服务热线：400-6679-118 竭诚为您服务
版权所有　侵权必究

目　录

引　言

　　孩子们通过天生的好奇心和对知识的渴求来探索身边的世界。也许你一天会被孩子问一百个问题，你与孩子交流沟通得越多，他／她的人生将会越丰富。这是一本鼓励你在家与孩子一起探索自家空间乐园的书。

　　一个有创意的家庭通常富有创造力和幻想，将激发出孩子们无尽的想象力。制造美好童年的元素不一定是昂贵的。你可以从日常家居用品中开发出新功能，做一些有想象力的游戏，并探索将回收再利用的物品进行艺术创作和改造的可能性。

　　本书致力于打造将家人聚集在一起的公共空间。哪怕是餐桌旁的高脚椅也可能是美好童年的起点。在一个成功的家庭中，即使是最小的空间也可为孩子的独立成长提供嬉戏藏身之处。对于年龄更大一些的孩子，家庭作业区则提供了一个发展专注力、开始组织安排自己生活的场所。

　　为撰写本书，我采访的每一户家庭都是一个富有启示的例子，都回应了孩子们成长中不断变化的需求。不论是伦敦充满活力的现代住宅，还是波兰华沙森林边缘的乡村小屋，每一个都有自己的精神和灵魂，而其中心就是生活在那里的孩子们的创造力。

对页图 我喜欢在家里放置具有双重功能的物件。室内植物不仅能为儿童房带来色彩和生命，同时还能当作讲故事和想象力游戏的道具。我就是在大量的室内植物包围中长大的，孩童时候特别喜欢藏在植物后面躲猫猫。图中展示的袖珍椰子是一种非常好养的室内植物，也相当便宜。

成长的空间

上图 花费时间和精力最多的是那个精美的木制传家宝玩具。这个奥斯特海默挪亚方舟不仅完美适用于地板游戏，还能重新改造，并陪伴孩子整个童年。这是我女儿奥利芙最喜欢的玩具，是她奶奶制作的。每逢生日和圣诞节，都会有一对新的动物玩具加入这个"动物园"，因此可以说她是数着动物长大的。

只需稍加一些想法和规划，一个富有启发性的儿童房就可以满足孩子在不同成长阶段的需要。通过增加、删减或更改布置元素，可以更好地让空间陪着孩子一起成长。不要陷入商业世界对性别的刻板印象中，它们会限制想象力和抑制个性发展。可以从选择设计大胆的壁纸开始。这会让你的孩子更着迷，并且经得起时间的考验。

为孩子打造一个安乐窝是一种本能，有助于准备迎接新生命的到来。这是一个令人激动的时刻，也意味着要重新布置你的家。市面上充斥着各种各样的育儿和婴儿用品，因此在购买"必需品"之前一定要仔细思考。只选择最基本的必需品即可，因为后面你可能会发现并不需要更多的东西。

把更多的时间花在为儿童房制作原创物品上。在我女儿奥利芙（Olive）出生之前，我在苏格兰赫布里底群岛待了一段时间。在那里我用漂流木和贝壳做了一个护身符，在上面刻上我对她的祝福后，用细绳将其绑起来。现在我们仍保留着这个护身符，作为对那个特殊时刻的纪念。

儿童房应该满足孩子不同成长阶段变化的需求。虽然空间布置有很多方式可以选择，但是为什么不从建立亲密的亲子关系来开始你们接下来的旅程呢？黑白壁纸对仅具有单色视觉

能力的新生儿很有吸引力。对于年龄更大一些的孩子，黑白壁纸则为他们创造了一个可以填色或是发挥丰富想象力的背景。我从未见过比 Bien Fait 品牌的"热带雨林"更令人兴奋的壁纸，它是受亨利·卢梭（Henri Rousseau）画作启发的全景壁纸。这幅巨型图将孩子们带入丛林冒险的世界。随着孩子们意识的不断增强，他们能发现更多的细节，而这些细节将持续激发他们的想象力。

因为婴儿的睡眠习惯几乎是不能预测的，所以怎么选择正确的婴儿床就成了一个难题。如果你决定与婴儿同睡，那么摩西提篮或婴儿睡篮可能在还没来得及合理体现购买价值之前，你就会发现已经用不上了。因此，购买幼童用的幼儿床，或可折叠的婴儿床，可能会更实用。小型床占用的空间会更多，因此尽可能选择实用的带存储功能的床。

地板上铺一块 Boucherouite 地毯或碎呢地毯是让儿童房温和、舒适的开始。大地毯给地板增添了暖意和趣味，相对按地板尺寸做的地毯而言，功能更多样。

左图 随着孩子们的成长，可适时调整空间布置以适应他们不同的需求。挂在墙上的化妆游戏服装表明，这是活动和做想象力游戏的空间。连接着电源的镜球制造出超越任何常规动态装饰品的神奇效果。从作为幼儿早期的着迷之物起，它将伴随他们度过少年时代及以后的人生。

随着孩子们越长越大，他们积攒了越来越多的纪念品。在这里老旧抽屉变身为挂在墙面上的钉板，成为展示特别的珍爱之物的理想之地。每间卧室都应该有一处供孩子以自己的方式来装饰的地方，此处衣柜成了一个展示孩子不断增多的贴纸的完美之地。这是孩子表达自己个性的有趣空间。

本页和对页左下图　对于成人来说，保持桌面上一堆纸质文件的整洁有序都是个挑战，对孩子们来说更加困难。用一系列带夹子的写字板将重要文件归类，并放在卧室墙壁或书写区触手可及的地方，是将物品高效有序分类的一种方式。

当你想为不怕脏乱的自由玩（Messy Play）腾出空间时，可以把地毯卷起来。随着时间的推移，会添加桌子和作业灯，于是一个适合婴儿或幼儿的舒适玩乐区就轻松地转变成一个适合学龄儿童的安静作业区。

如果你选择可堆叠的盒子或模块化单元来储物，那么可以在需要的时候添加。从一个玩具盒开始，到蹒跚学步的年纪再添加一个梳妆打扮盒，然后可以根据孩子的兴趣一直添加。以奥利芙为例，我们弄了一个盒子装她的乐器。在生活区和孩子的房间里做一个舒适的阅读角，让孩子看到你也很喜欢阅读。甚至在孩子能够阅读之前，选一本书讨论书内的插图，用图片玩"我猜"游戏，并鼓励孩子自己编故事。这样会让阅读更有趣。

室内植物不仅将自然风光带入孩子的房间，还能保持室内空气自然清新。将植物放置在孩子的房间之前，请确保选择的植物是无毒的。有一些受

上图 儿童床下方空间，可用来存放容易丢失或遗忘的物品。我的父亲用柜子作为我和妹妹的床底板。宽敞的抽屉是储存大件工艺品的完美场所，我们特别喜欢！相比花钱购买昂贵、复杂的家具，其实同时可以用作床底板的低橱柜、抽屉或搁架组合效果更好。

欢迎的室内植物，如白掌，对人和宠物就有毒害。如果你很喜欢用植物装点室内，但又不希望孩子触碰到，可以将植物放在孩子够不着的地方，或者创建一个灵感源自20世纪70年代流苏花边的悬挂式花园。一个坐落在玻璃容器内的微型花园无疑会激发年龄更大一些孩子的想象力，可以鼓励他们在微型景观的基础上结合民俗传说编故事。

色彩与图案

在色彩丰富的环境中成长，将让孩子们看到一个生机勃勃的世界。一个用图案装点的家会赋予他们丰富的灵感，并为创意游戏提供激励性的背景。通过颜色和图案给予孩子表达自我的信心。

2005 年，我创立 Olive Loves Alfie 儿童品牌店背后的一个强大动力，就是想推广一种新的颜色使用方法。我发现当前人们对于颜色的选择受到性别的限制和影响，比如男孩多用蓝色，女孩则多用粉色。在我童年时期，配色方案并没有固化。因此，我下定决心我女儿不能像他们一样受限。于是，我开始探索并推广更适合孩子的不太狭隘的设计美学。多变的图案和颜色是奥利芙衣柜的主要元素，我们的家居装饰亦是如此。

平面设计师尼娜·内格尔（Nina Nägel）和我有相同的观点。"丰富的色彩和令人愉悦的图案能产生积极的影响，不只对孩子如此，对所有人都如此。丰富的色彩能让人感到幸福，试问谁不喜欢看到彩虹呢？" 2008 年，尼娜重新推出了她母亲 20 世纪 70 年代充满活力的儿童用品设计。我很高兴看到这些新品牌和复兴品牌的出现，它们的品牌设计重现了 20 世纪 70 年代鲜艳色彩和活泼图案的搭配，已为人父母的购买者为了给孩子一个丰富多彩的童年纷纷涌向我的店铺。

左图 纺织品设计师米娅 - 路易丝（Mia-Louise）通过在柔和的背景里加入几处鲜亮的颜色，营造了一种平静的氛围。儿子胡西（Huxi）和赫伯特（Herbert）的微型法国 Tolix 椅注定要成为传家宝。作为一个艺术爱好者，米娅在墙上挂上画作和海报，丰富了公寓的色彩与细节。

右图 如果你住在租赁的公寓里，可能会遇到墙壁表面为中性色的情况。尽管如此，你仍可以通过悬挂或张贴油画来增添趣味。在室内设计师索尼娅（Sonja）的出租屋中，一幅黑白花奶牛画被挂在厨房餐桌边的墙面上，十分显眼。孩子们觉得它十分有趣，而这幅画也俨然成为家具的一部分。

白色木制品搭配彩色墙壁是一种经典组合，鲜明又精致。在米娅 - 路易丝位于哥本哈根的短期住宅里，这种搭配赋予整个空间以个性。选择一个色彩组合，然后用稍微不同的色调粉刷每个房间，从而营造多种截然不同的空间氛围。

在白色或中性色的卧室里，可以通过使用用色大胆的地毯来实现空间平衡。琳达（Linda）和她的儿子奥利弗（Oliver）收集了一系列有趣的绿色装饰品。这些物件给奥利弗的房间带来了生气，是一个有趣的组合。

左上图 帆布储物筐易于移动，因此在阳光灿烂的日子，琳达会将这些储物筐放到花园里。 环境的改变鼓励孩子们以新的、创造性的方式玩他们的玩具。 选择不同图案的篮子或麻袋，分别指定每个篮子或麻袋装什么东西。

右上图 原木色、亮白色和柠檬黄的搭配，将储物空间转换成多彩的背景。方形储物格用于摆设珍爱之物。木制小鸟，1963 年由克里斯蒂安·韦泽尔（Kristian Vedel）设计，摆放在陶器旁边。一个建筑模型则让孩子们对家庭生活和建成后的建筑充满憧憬。

如果你家要重新装修，请叫上你的孩子一起决策，并将此过程变成一场创意冒险。将现成的、不昂贵的油画布变成永久艺术作品是比较容易的。先调查目前市面上各类颜料的颜色，然后选择两个或三个样品在家里试用一下。不要让你的选择和想法影响孩子。相反，看看如果你允许他们实践自己的想法会发生什么。儿童服装设计师阿涅塔·恰普利茨卡（Aneta Czaplicka）十分喜欢看她五岁的双胞胎卡亚（Kaya）和祖扎（Zuza）如何通过色彩表达自己。"当听到孩子们想法的时候，我对他们的审美感到十分惊讶。他们不害怕尝试，这是很好的品质。"因此，勇敢一点，让他们尝试用不同方法来实践自己的想法，我保证你的孩子们会创造出一些值得挂在墙上的艺术品。

下图 如果您不想重新刷墙，可在其他可装饰空间的表面做文章。查理（Charlie）和麦尔（My）共用卧室的橱柜门被涂上了颜色或粘上了带有图案的包装纸，将墙壁变成了一个大型、独特的拼凑装置。

对页图　如果想要一种与众不同的装饰效果，最好引入大量的 DIY 装饰元素。用 Mini Moderns 品牌的 C-60 Colour-Me 壁纸贴墙壁，可让你的孩子充分发挥想象力来设计色彩。这可能会花上一个周末的时间，但要说明的一点是，可以慢慢地去探索。可以先选择几种颜色，看看这些颜色都能给你带来什么灵感。

左图和左下图　黄色代表着乐观，能振奋人心，成为男孩房间的一个清新悦目的色彩选择。架空床对于共用的卧室而言十分实用，它为房间释放出更多的可用空间，并在床的下方形成一个舒适的活动区和存储区。在这个房间里，竖向条纹在视觉上拔高了室内空间。在条纹墙上错落装饰着的海报和画，仿佛在讲述着一个个吸引孩子们的故事。

下图　这是伦敦优秀艺术家罗布·瑞安（Rob Ryan）运用在不同媒介上的剪纸作品。这个精心制作的木制刻尺呈现出一种诗意效果，成为尼娜家中的一道迷人风景。

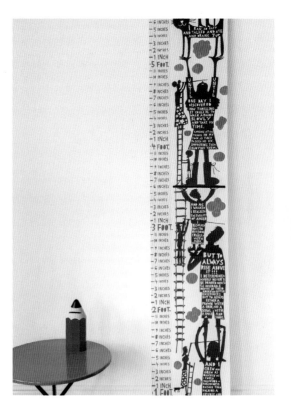

随着孩子们年龄的增长，他们对颜色的偏好也会发生改变。我的女儿奥利芙在12岁的时候，公开承认她是黑色的忠实粉，因此是时候更新她卧室墙面的颜色了。黑色的背景标新立异，完美衬托出充满活力的彩色。定制的"反叛"海报也宣告着她对空间的所有权，以及真正的她。

我并不是色彩潮流的盲目追随者，但我坚信被色彩环绕能让人感到快乐。如果你喜欢奢华的空间，对某种特别的色调有天生的喜好，那么不妨一试。

你可以尝试一些引人注目的东西。如果你在一个明亮、通风而雅致的空间内感觉更轻松自在，可选用一些柔和、淡雅的色彩，而不是纯白色。天花板、踢脚板和门运用同一种色彩，将弱化空间的视觉边界，让人产生浑然一体的空间错觉。

如果你对白色的墙壁情有独钟，也有很多运用颜色和图案来提升空间品质的方式，比如添加色彩抢眼的配饰或家具。用壁纸装饰的墙面隔几年就可以根据喜好更新一下，只需一幅大胆的印刷画就可以将孩子的房间从一个冰雪王国变成一片充满异国情调的绿叶丛林。

当你的孩子不断长大，你可以让他／她为自己的房间选择涂料或壁纸。给孩子一些决定权，毕竟获得空间的所有权是宣告进入青春期的一种仪式。我在 14 岁时选择了一大罐巧克力（棕）色的涂料，并自己装饰了卧室。我确信棕色不是妈妈喜欢的颜色，但是这是我的房间，她给了我选择的自由。我到现在仍记得，那是我童年的一个里程碑。

左图 刺绣大师劳拉·利斯（Laura Lees）向传统手工艺注入了一种无秩序的摇滚感。她是以复兴传统来吸引新一代人这一新兴运动的支持者。劳拉的"墨西哥亡灵节"脚凳已经成功影响了奥利芙，并让她产生了定制带有这个绣花图案的衣服的想法。

中图 悬挂装饰为房间的安静角落增添了一处移动的风景。麦肯和托马斯为他们中性的生活空间增添了一抹荧光霓虹。

右图 阿加塔（Agata）和伊恩（Ian）痴迷于波兰的海报设计，特别是传承了丰富图形和大胆配色的海报。为此，他们特意去了维拉诺夫海报博物馆，选择了一系列色彩丰富的印刷品，并将它们挂在邦妮（Bonnie）的卧室里。

在雅各布（Jakob）的卧室里，没有任何人为的颜色和图案组合设计，黑白图案与明亮的主色和谐地混搭在一起。一大堆靠垫将他的床变成一个舒适的阅读角落，也为他与兄弟们的枕头大战提供了弹药武器库。

很可能你会发现，对于色彩，孩子们有丰富的想象力，而且对于自己喜欢或不喜欢的色彩态度明确。已是四个孩子的母亲，琳达·哈姆林·泰特（Linda Hamrin Tait）试着去支持孩子们的想法："我总是问孩子们希望房间里有什么样的颜色。奥利弗一直是绿色的坚定拥护者，而绿色创造了清爽、充满活力的空间。"许多人和我说他们害怕使用高饱和色，其实刷墙时的颜色选择并非不能改变。可以先用样品罐进行实验，这样选择出正确颜色的涂料会更容易。大人通常有固定的想法，而孩子们不同，给他们一个机会，也许他们会有前卫而出彩的想法。摄影师埃玛·唐纳利（Emma Donnelly）从她十岁的儿子那里得到灵感："灵感来自夜空，蒙蒂（Monty）坚持选用黑色作为卧室墙壁背景色。我们想实践他的想法，因此我们选择了一种我们认为是黑色，但又不太哥特式的颜色。"往往一间卧室就能反映出孩子的个性及他在家的感受。

亮白色与鲜黄色组合的墙壁，为一系列复古的印刷品提供了一个鲜明的展示背景。床头上一组原木制的及珠子编的小动物，增添了一种诗意的对比与节奏的变化。

对页上图 在尼娜位于伦敦的家中，维多利亚时代的壁炉上摆放着众多物件，从中可以看出她对颜色和印刷品的喜好。她用一套由她设计的 byGraziela 杯子置换了一幅配框的印刷品。Letssswap.it 是一个十分有意思的网站，在上面你可以用任何东西去交换艺术品。

对页下图 一件宜家家具被粘贴上手工裁切的黏性乙烯基图案后，焕然一新。聪明的妈妈尼娜将这些普通抽屉变成了一件独特的陈列家具。

手工之家

这处房屋位于波兰首都华沙，室内使用的几乎全是再循环材料、从跳蚤市场淘来的宝贝和从当地的易物交换市场换来的物件，朴素而又亲切。三代人在这里共同生活，都对自然和手工有着天生的喜爱与热情。卡西亚（Kasia）的母亲格拉日娜（Grazyna）是钩针编织的狂热爱好者，并热衷于将这门手艺传给家人。自制的圆锥帐篷、毛毯、挂饰和小地毯色彩丰富、款式多样，营造了一种类似于 20 世纪 70 年代的真实、朴素的氛围。

卡西亚·特拉奇瓦和罗伯特·特拉奇克（Robert Traczyk）五年前搬来这里，当时只是计划做个小改造。事实上，这个有着 100 年房龄的房子需要大规模的整修。他们从屋顶到地板进行了大量的改造工作，在修复这些可接受的缝隙和缺陷的同时，也将他们独特的审美和个性融入家里。房屋地处森林边缘，美丽而安静，旁边是一派田园风光，因此，在这里抚养他们的两个儿子——六岁的利昂（Leon）和三岁的泰蒙（Tymon）——再适合不过了。这个社区被称为 Radość，在波兰语中是 "快乐" 或 "幸福" 的意思。它是由 20 世纪早期的木制棚屋、夏季凉亭，以及建筑师设计的新建住宅一起构成的生态社区。

卡西亚在充满创意的家庭中成长的童年经历对她的人生产生了巨大的影响。她在七岁时就已经学会使用缝纫机了，这为她长大后选择将设计师 / 匠人作为职业埋下了伏笔。凭借十足的创新精神，她和母亲格拉日娜一起在家乡经营了两家手工艺企业。

上图 Radosna Fabryka 品牌是卡西亚为鼓励孩子和家长进行创造性创作而创立的。她创作的软盾和剑系列是利昂和泰蒙童年的主要玩具。游戏室里搭起的多彩圆锥形帐篷是由新旧不一的可爱钩针编织小物件拼缀而成的，而小物件都是由他们的奶奶手工制作的。

对页图 卡西亚和罗伯特的家中有丰富的钩针编织物，从微型蔬菜到舒适的毯子。圆形地毯是卡西亚的母亲格拉日娜用旧 T 恤衫线钩成的，让人联想到米索尼（Missoni）品牌的地毯。家庭手工制品质地柔软、色彩柔和，将房间变成一个精心设计的舒适区。

上图 代代相传的物品与家庭故事交织在一起，并被赋予了新的生命和灵魂。将那些因过于脆弱而不能用于原用途的传家宝变身为每天都能欣赏的艺术品。如果将它们挂在墙上展示或为它们找到其他的用途，它们远比新购买的物件有意义得多。

下图 吊床椅给家庭空间增添了趣味。它只占用很小的空间，却能为居住的人提供数小时的娱乐消遣。一个吊床可以是疯狂游戏之后安静下来、轻松入睡的理想场所。悬挂一个活动的大型竖钩夹，如果孩子太小不能自己玩，可以将它放低一些。如果有花园的话，夏天可以在室外找个地方挂吊床。

卡西亚收藏了一些复古或现代布料和边角料，用于她的设计创作。创作灵感往往来自于偶然拾得的材料，而且各种新的想法和设计就这样自然产生了。卡西亚发现了一些被丢弃的自行车、踏板车和手推车的旧车轮，便将这些轮子收集起来，用自己的灵感将新旧物件重新结合做出一系列艺术品。比如，用精细的蕾丝桌布将整个车轮包裹起来，重新赋予她祖母在 20 世纪初制作的手工艺品以生命。

对于家庭来说，创意游戏和活动是很有必要的，因为它们与人的天性联系在一起。利昂上完艺术课回到家里，就会用再循环材料实践他的想法。男孩们喜欢用胶水作画，然后粘上闪闪发光的碎片，再贴上塑料眼睛来制作怪物。全家人在家附近的小树林散步时，会收集地上的桦木枝和羽毛用于手工艺品制作。虽然孩子们在楼上有一个专门的游戏室，但他们仍可以在房子或花园里的任何地方随意搭建营地。他们喜欢玩充满想象力的游戏。他们是卡西亚圆锥帐篷、王冠、软剑和盾牌系列的最佳形象大使。

卡西亚和罗伯特并没有摒弃现代技术或设计，而是把它们隐藏在所收藏的老式家具里。没有什么比找到带着"波兰制造"标记的产品更让他们高兴

利昂和泰蒙共用的卧室就位于房屋的斜屋顶下方。在他们的卧室配置了一系列可爱的元素。

的了。这些物品能唤起他们童年的回忆，因为他们拥有的每一个物件都让他感觉离乡如此之近。

为男孩们制作床的时候，罗伯特在回收的木制托盘下端加上了脚轮，从而可以轻而易举地实现床铺的移动。男孩们把这里变成了他们的营地，进行各种各样的游戏。从当地种苹果的农民那里捡来的板条箱，被用来存储书籍和玩具。罗伯特为孩子所制作的一切物品都很坚固，足以让孩子们爬上爬下。

这是一种重视团体精神的家庭环境。Radość 社区悠闲的生活节奏让每个人都有空间和时间去发掘他们天生的创造力。

家庭问卷调查

你家的座右铭是什么?

尽情享受孩子们成长的每一刻。

用三个词来形容你的家。

快乐、凌乱、排长队。

卡西亚,你的童年是什么样的?

非常丰富多彩。我有一个非常亲密的家庭,当我们聚在一起时
总是玩得很疯。

你对自己的家庭有特定的愿景吗?

我一直希望能有一个大家庭,有一大堆孩子,也许还养一条狗,
有个小花园能种一些西红柿和草药。

你有没有在做新的家庭手工艺项目?

在做一套灯罩。我负责设计,罗伯特负责焊接和涂漆,我妈妈
负责钩针编织的部分。

罗伯特,你觉得一个快乐童年最重要的元素是什么?

自由玩耍,父母与孩子一起玩,并把他们当成自己的朋友。

利昂,你觉得住在森林附近最有意思的事情是什么?

遇见大量不同的来访者,有松鼠、刺猬、青蛙、田鼠、鸭子、
啄木鸟和其他一些鸟。

泰蒙,你最喜欢的游戏是什么?

用我妈妈做的剑玩打斗游戏。

格拉日娜,你觉得你的生活与你朋友的有何不同?

我对手工艺制作的热爱让我保持忙碌的状态。我参与了卡西亚
的许多项目。

你最喜欢为孩子们做什么?

帽子。他们每个人至少得有 30 顶!

对页图 卡西亚鼓励孩子们参与手工制作和分享她对大
自然的热爱。 邻近的森林是搜寻原材料的理想场所。
他们一家人围坐在餐桌旁做家庭手工课,将羽毛和枝
杈变成乡村壁挂。结合手工钩编,每件作品都是独一
无二的家庭艺术作品。

上图 整个家庭对附近森林的热爱也反映在他们对不同
类型木材的使用上。木材的有机纹理与室内的乡村风
格完美搭配。

下图 一直保存着孩童时候的物品有时会很难,但当你
保留下一些时,它们能给你的孩子一种传承感。利昂
和泰蒙就在用曾放在祖父母家凉亭中的小孩椅。

神奇的墙

　　用墙面来个性化你的空间。可以放置个人的物品或照片来展示个性。将另一面墙壁做成一个大型的布告栏，这对家庭生活顺利展开很有帮助。

墙壁就像一本书的页面，可以用来讲述家庭的故事。当我看到空墙的时候，会感觉到它们因为没有被使用而哭泣。除了可以粘贴漂亮的壁纸或做出丰富多彩的造型外，墙壁有着远远不止于纯粹装饰的实际用途。

在家里，我们把客厅的墙壁当成一个巨大的剪贴簿，在上面展示我们喜欢的物品。这是我们在某个特定时间点的生活纪念。我们用两个简洁的白色宜家壁架来摆放最喜欢的书。我和奥利芙把最初为墙壁线脚设计的图片挂钩用来悬挂最喜欢的首饰，空白处则粘贴上朋友寄来的明信片、生日贺卡、便签和节假日出游的门票。整个墙面是一个色彩的集聚。它让我们很开心。

左图　三排简单的搁架将这面墙变成了一个图书馆和画廊空间。米娅 - 路易斯将面向儿童的艺术作品与自己喜爱的艺术作品相结合，给予她哥本哈根的家一种有利于家庭生活的氛围。玩具动物摆件增添了天真烂漫的气息，也让这面墙成为迷人的展示空间。

右图　壁炉为孩子的珍宝提供了展示场所。在利昂的房间里，由奶奶创作的生动马戏海报占据了中心位置。她的设计作品由 byGraziela 冠名销售。百乐宝（Playmobil）的游戏小人藏在 3D 字母中，而明信片用纸胶带粘在墙上。

宜家壁架为你展示喜欢的物品提供了空间。寻找能摆放在狭窄搁板上的物品成了一场游戏，如微型仙人掌盆景就非常适合。它们将有机世界与充满活力的展示品融为一体。

不要把自己的想法局限在装饰墙壁上。内置的橱柜可提供大量的储物空间，并能与墙壁贴纸完美结合。卡玛（Kamma）卧室的衣柜门已经成为房间里最有趣的地方之一。

壁纸对房间气氛的营造有很大影响。摄影师埃玛·唐纳利为她七岁的女儿阿格尼丝（Agnes）的房间添加了一个令人印象深刻的元素："我选择了一种大胆的平面设计，让人在女性化和现代感之间找到平衡点。"成年之后，我仍记得当年房间的猫头鹰壁纸，过去我常常在睡觉前用这些角色编故事。如果四处搜罗，你仍可以买到20世纪50年代到70年代的原创壁纸。

市面上可以买到各种不同设计、款式与风格的壁纸。有些是专为儿童设计的，但对整个家庭也很有吸引力。不要把选择局限在专为儿童设计的壁纸上。许多针对成年人的样式和感性设计同样能激发孩子们的想象力，并且品质更高。插画师西尔维娅·波戈达（Silvia Pogoda）为自己卧室墙壁选择的壁纸，也可以用在18个月大的利昂的儿童房。"这是一个美丽的设计，老少咸宜，有着广泛而普遍的吸引力。就像一颗宝石，利昂很喜欢它。"

花艺设计和林地梦幻般的场景营造，也是卧室设计的一个很好选择。儿童服装设计师阿涅塔·恰普利茨卡以精巧的设计来探索五岁的双胞胎卡亚和祖扎不会厌倦的东西。"我想象了一些美丽而复杂的东西，选择了带有蝴蝶、鸟和花卉元素的壁纸。我的女儿们第一次看到这个背景时就被吸引住了。"设计巧妙的壁纸也可以唤起一个有趣的主题。仙人掌和牛仔帽的图案比"一览无余"的壁纸更具启发力，为孩子留出很大的想象空间。醒目的几何设计，对于不同的人，有不同的诠释方式。我很喜欢和奥利芙谈论我们老房子里的壁纸。她看到的形状不固定，而且最喜欢的颜色也几乎每天都在变化。纺织品设

上图 这些小巧的霓虹色三角贴纸在埃琳（Elin）的房间创造了一个图形空间。它们的有趣点在于你可以不断添加不同的形状和新的颜色。你甚至可以一直贴下去，直至创建一面杰克逊·波洛克（Jackson Pollock）风格的贴纸墙。

下图 通过英国设计品牌Corby Tindersticks搞怪贴纸和玩具，创造出富有想象力与创造力的空间。这幅用毡制成的世界地图足够轻，可用纸胶带轻松地粘在墙上，而且做游戏的时候又能很方便地取下来。

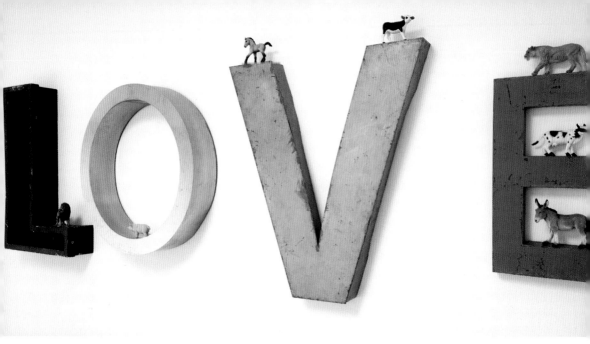

上图 这是用一组受欢迎的老式锡制字母拼成的"LOVE"。它不仅是一种声明或风格主张，每个字母同时还是一个迷你的置物架，可以用于摆放微型农场和丛林动物，鼓励孩子们去为他们最喜欢的物品找到栖身和休息的地方。富有幽默感、趣味性的细节，赋予家庭鲜明的个性。

下图 黑板般的墙壁能鼓励进行艺术作品的即兴创作。当有灵感时就用粉笔实时创作，让一切自然而然发生。有想法时就用粉笔画出来，不要想太多。如果你不喜欢自由绘画，可以去找你喜欢的模板或样式，然后参照临摹或重复练习即可。在这间房子里，室内植物的叶子就是丛林设计的完美样板。

计师米娅 - 路易斯想为六岁的赫伯特和三岁的胡西的卧室墙壁营造一种有趣的氛围："我选择了一种明亮的黄色条纹壁纸，它让我想起马戏团的帐篷。"引人注目、丰富多彩的全景壁纸，可以为睡觉和玩耍提供神奇的背景。

没有家庭照片墙的家庭是不完整的。照片的分散布局可以是轻松随意的、即兴的。随机摆放的照片之间留有不规则的空间，使得增加新的照片十分容易，还不用担心会影响整体的平衡。

为儿童空间设计的壁纸数量众多，你可以选择一种反映孩子个性的设计。孩子们喜欢在墙上乱写乱画，如果你希望对他们稍加约束，也有很多折中的壁纸选择方案。来自 Mini Moderns 的 C-60 Colour-Me 壁纸是时髦年轻人的完美之选。

　　较小的墙贴使得墙壁装饰变得十分容易。图形形状从雨滴到斑点，赋予房间现代感。孩子们喜欢贴贴纸，因此可以找他们帮忙，最好辟出一小块墙让他们自行装饰。孩子们的设计会更加自然、不受约束。不要局限在卧室墙壁上。简单的平板衣柜和抽屉被贴上贴纸后，会成为独特的家具。

　　实物大小的乙烯基墙贴，可以成为各种想象力游戏的焦点。从大胆复古的树木到麋鹿、圆锥形帐篷和捕梦网挂饰，所有的装饰都营造出一种鼓励创新、冒险精神的氛围。麦肯·波尔森（Maiken Poulsen）老师为三岁卡玛的卧室选择了一张意想不到的塑料桌子："我想要摆脱刻板的公主主题，因此我选择了一艘海盗船。普通的白色衣橱门形成了一个很好的表面，可以把这面墙变成一个鼓舞人心的空间。"

　　涂上黑板漆的墙，对于未被使用或被忽略的空间而言是理想的选择。它可以变身为家庭日历，也可以是自发绘画、涂鸦的地方。你还可以用磁性黑板漆创造一个多用途的表面。当你开始用一种全新的、充满灵感的视角来审视你家的墙壁时，你将以一种创新的、意想不到的方式为你的家庭带来无限的生命力。

左图　软木是一种多功能的环保材料，可用在薄瓷砖上。它价格便宜，切割方便，而且由于质量轻，可用黏合剂固定在墙壁上。你可以购买预先切割好的软木，然后直接贴在墙面上，或者自己剪出独特的图案。

中图　异想天开的细节给白墙增添了一丝诗意。选择不过分限定你或孩子审美的设计。来自 Mimi'lou 的这些贴纸可以让你在喜欢的地方随意贴上星星，从而打造出一间梦幻星空主题的卧室。

右图　插画家丹·戈尔登（Dan Golden）的漫画已经被制成了一系列幽默的墙贴。其中，《通往另一个宇宙的洞》（*Hole To Another Universe*）是通往另一个世界的幻想之门。

左图 任何大尺寸的装饰都可以给空间增加一丝戏剧性的色彩。这幅挂在玛尔高莎和普热默克家客厅中的挂画十分抢眼，画布中的女人沉浸在音乐世界中，让这个热爱生活的家庭产生共鸣。

对页左下图 玛尔高莎坚持的原则是，如果物品是可以装饰的，那么为什么不选择一些最简单的物品呢？她支持波兰设计师，收集由 Mamsam 生产的陶瓷杯。它们是文化媒介，承载着波兰和 20 世纪 60 年代德国设计的美学。

对页右上图 在公寓地面铺设瓷砖，引入另一种图案造型，让人回想起华沙战前的公寓装修风格，这似乎是一种自然而然的选择。玛尔高莎喜欢 Couleurs & Matierès 品牌的单色水泥瓷砖。由于是手工制作，一些细微的瑕疵反倒增添了工匠风特点。

插画之家

　　玛尔高莎·杰克布罗斯基（Malgosia Jakubowscy）和普热默克·杰克布罗斯基（Przemek Jakubowscy）的家在华沙的一个旧灯泡厂内，充满艺术品、图案和色彩。起居室窗外的栗树，从夏季的翡翠森林，到冬天的冰雪梦幻王国，创造出四时之景。在这样的环境中成长，五岁的纳塔利娅（Natalia）和三岁半的简（Jan）的生活从来不缺少灵感和创意。

　　在这个家里没有一丝中庸的味道，没有中性白色墙。玛尔高莎认为，墙壁就像一本故事书中的空白。她喜欢用自己喜欢的壁纸设计和贴纸来装饰，创造出一个让孩子们茁壮成长的幻想世界。

　　从前门的墙壁开始，玛尔高莎将其全部漆成黑色，为孩子们提供一个可以随意画画的大画板。但纳塔利娅在玩磁铁时，有了一个令人惊讶的发现，那就是层层油漆覆盖的门实际上是金属的。因此，现在它成了一个磁铁布告板。无论去哪里，孩子们都热衷于寻找磁铁，以便增加他们的收藏品。这个入口空间是一个快乐大杂烩，一切对他们来说重要的东西都能在这里找到——便条、邀请函、孩子的画作和照片。孩子们还没有意识到其实还能当黑板使用。毫无疑问，这将是他们接下来要探索的功能。

　　客厅里，柔和的灰白色墙壁赋予了这个空间深邃感，并为波兰画家和装置艺术家马塞利娜·韦尔默（Marcelina

Wellmer）绘制的浓郁热带丛林油画提供了浅色背景。留声机旁的里卡德（Ricard）酒箱子里堆放着老旧的唱片，表明这是一个喜欢音乐的家庭。跳舞并不仅限于成人或派对，而是日常生活的一部分。当希望孩子们有一些自由支配的时间时，玛尔高莎和普热默克会感怀往事，并把自己童年时期收藏的儿童故事和歌曲翻出来分享。

他们在早餐吧台，即厨房和居住空间的分隔带，与家人、朋友度过了很多欢乐的时光。从树端洒在地面的斑驳光影，会随着季节的变化而变化。一连串的小鸟图案给厨房增添了几分生机，也回应了乡村环境。印有一排排小鸟图案的树脂玻璃，成为实用的防水挡板，可以轻松简单擦拭。

最初计划给每个孩子一间卧室，由一组滑动门隔开。玛尔高莎为纳塔利娅的房间选择了明亮主色调的 20 世纪 70 年代风格插画。带有热气球图案的壁纸所代表的冒险精神，颠覆了关于女孩卧室的常规观念，而大胆的红树贴纸则成为想象力游戏的重要灵感源泉。相比之下，简的房间则采用了包括粉红色在内的柔和色调。两种不同风格壁纸设计（一种是梦幻般的云朵图案，一种是有趣和奇怪的机器人图案）的混搭，区分了游戏区和休息区。

然而，一年前纳塔利娅和简决定要自己重新布置空间。这并不是孩子们能独立完成的事情。

上图 灯光在任何房间的氛围营造上都有着重要的作用。这个大号的蘑菇灯散发出柔和的粉色光，和对页那棵红色的大树贴纸遥相呼应。

下图 孩子们是占领地盘的高手，他们总能找到我们忽略的空间并用来游戏。纳塔利娅和简就把通往他们房间的长形过道当成了保龄球场地。

他们的计划得到了玛尔高莎的支持。孩子们想把床搬到同一个房间，这样他们就可以睡在一起，并能在床上蹦跳玩耍。这被证实是一个很好的安排，只要给他们一顶圆锥形帐篷，并在游戏区留出两张桌子的空间就够了。这同时也为其他活动创造了空间，无论是画画还是唱歌，面对面坐在一起，营造了一种有趣和协作的氛围。

两个房间都有内置的橱柜，而且橱柜的柜门都巧妙地设计了一个小孩脑袋大小的观察洞。孩子们在玩耍时可以把这里当成藏身点，当他们不想刷牙时，也可以躲在里面！当朋友来访时，女孩子会占据一个小屋，从而避免男孩子分享她们的秘密，而男孩

贴纸或贴花使用和清除起来都迅速简便，是壁纸的创新替代品。有些是永久性的，但也有很多可以移除的设计。它们可以用来营造氛围，或者用来定义某个空间。如果你与玛尔高莎有一样的理念，墙贴就是连续拼贴画的起点。她设法找到了一些鸟的贴纸，让这些鸟栖息在这棵红色大树的枝丫上。

你们家的座右铭是什么?

住在哪里并不重要,重要的是与谁住在一起。

用三个词描述你的家庭。

疯狂的、自发的、热闹的。

普热默克,孩子们最喜欢什么类型的音乐?

他们喜欢许多不同类型的音乐流派,古典乐、自由的爵士乐,还有奇怪的电子乐。就像我们一样!他们也喜欢听我旧唱片里40年前的童话故事和音乐。

你的家人有喜欢的歌吗?

有一首关于小猪的歌曲,是《布拉德先生的学校》(*Mister Blot's Academy*)的电影配曲。这是一部儿童奇幻电影,1984年上映,改编自扬·布热赫娃(Jan Brzechwa)的小说。

玛尔高莎,你喜欢哪个季节?

我们每个季节都喜欢。就个人来说,我喜欢春天,万物复苏,百花盛开。但我也喜欢波兰的秋天,此时天气依然暖和,但树叶颜色变得很漂亮。在每年的这个时候,我们喜欢去树林。

你怎么和孩子们一起感受四季呢?

我们都热爱传统的波兰手工制品,这常让我想起自己小时候。春天我们会做花束,秋天用栗子做成不同的物件,我们也很喜欢在落叶上打滚。

普热默克,大自然是你童年的一个重要组成部分吗?

虽然在城市里长大,但我们热爱自然,并喜欢前往海边、树林和山脉去体验自然。我们在马祖里亚(Masuria)(波兰语"千湖之地")的小房子里与孩子们一起度过了很多美好的时光。

纳塔利娅,你最喜欢卧室的哪种壁纸?

机器人图案壁纸,因为机器人非常友好,可以保护我和弟弟不受怪物侵扰。

简,你有喜欢藏猫猫的场所吗?

有,我最喜欢躲到我们的衣柜里。

们则在另外一个小屋组建营地。有充足的玩具存储空间,意味着孩子们可以轻松收拾,腾出一个安静的睡觉空间。

玛尔高莎把家里所有的墙面都当成了画布,在上面用不同的颜色和图案去装饰。她坚信,要在孩子们年龄小并对色彩和事物态度最开放和回应最灵敏时,培养他们的视觉想象力。

左图 无论你看哪里,目光都会被墙壁上有趣的细节所吸引。即使是一个小小的示意,只要在正确的空间,就可以产生无尽的乐趣。 当孩子们坐在地板上玩的时候,粘在踢脚线上方的刺猬就成了完美的小玩伴。

机器人与云朵的图案组合创造了一种讲故事的环境。插画和图案为孩子们自己编故事提供了灵感。玛尔高莎鼓励他们发挥想象力，把自己想到的故事画下来。最后，孩子们将有自己绘制的故事书。

巧妙储物

　　每个家庭都需要存储空间来保存日常生活中的一些零碎物和闲置品。 一个组织有序的家允许我们花更多时间去做更有趣的事情：为每一个物件找到一个合适的安置处，最大限度地发掘可用空间来做充满创造性的游戏。

左上图 微小的饰品很容易滚到家具下面，一旦掉下去就很难找回来。这个穿孔的纸板箱盖为奥利芙闪闪的耳环提供了整洁的收纳展示区。

右上图 我喜欢重塑事物，并赋予它们新的功能。宜家的简洁壁架就十分便于装饰和改造。受 Uten.Silo 收纳架上挂钩设计的启发，我们添加了图片挂钩来放置喜爱的项链。

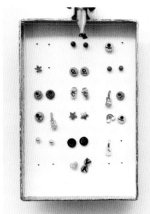

下图 这是多萝特·贝克尔（Dorothee Becker）20 世纪 60 年代的经典设计，Uten.Silo 收纳架是终极墙壁收纳工具。 这个标志性的设计系列包括收纳格、钩子和夹子，既人性化又很实用。它收纳了代表现代家庭生活的各种零碎物。油壶和量尺旁边摆放着散落的玩具和一副新潮的太阳镜，好像这是世界上最自然不过的事情。而在一个家里，确实是这样！

成功的储物就是找到充分利用生活空间的方法。有组织、有条理的收纳并不意味着扼杀乐趣和创造力。相反，它可以让你花更多的时间在你喜欢的事物上。

我们有各种物件，而它们都需要一个合适的栖身之所。我并没有洁癖，但仍需要一个地方来收纳物件，让房间看起来更清爽，收拾起来更高效。对于一个忙碌的家庭来说，没有什么比要用东西的时候却找不到更让人失望的了。学习如何有序收纳整理就像是一生的工作，但我最后还是做到了，现在很少丢东西了。挑战在于鼓励孩子们保持整洁，而不丢三落四。

我能给的最好建议就是尽量简单。如果你秉持"少即是多"的理念，并定期清理，这将有助于收纳。如果你根本没有空间来放置别人用过的廉价东西，不要害怕对送你这些东西的人说不。如果生日和圣诞节带来了新玩具和游戏产品，那么采取"一进一出"的策略也是有帮助的。但在扔掉时一定要注意，孩子们记得很清楚哪些玩具是没有经过他们的同意就直接消失的。当孩子们准备好迎接新的焦点时，再把旧玩具收起来，然后让它们一个个重新出场，这也可以增加他们的快乐。

别出心裁地实施你的储物想法，并创造对家庭有意义的物品。暑期游玩带回来的一系列明亮的编织篮子将带来愉快的回忆，同时还可以用作便携式存储袋。它们只是被简单地挂在墙上，当然还可以拎着这些塞满乐谱的篮子去上音乐课。

当采用易于管理的收纳组合时，存储效果最好。选择一些低矮的、孩子们可以够得着的储物组件。随着孩子们需求的变化，塑料抽屉可以用于存放小到积木，大到教科书的不同物品。

上图 有时候最简单的想法就是最好的。结实耐用的纸袋上清晰标示着可放置的物品。脚轮使得移动存储箱更加轻松。便携式玩具系列可以在家庭和花园周围玩。携带起来越方便的物品，孩子们越喜欢把它们带出去。

如果你像我一样，也很爱好收藏，那么你将面临不同类型的挑战。与其控制对它的热爱，不如找到一种方式来表达它。把你的收藏精心展示出来，不仅是实现收纳珍藏的一种精明方法，同时也能为你的家增添乐趣和个性。这个方法同样适用于儿童，他们也可以通过展示自己丰富的收藏而享受乐趣。

小空间的收纳挑战是最大的，但你只需在适当的地方寻求灵感，就能巧妙地解决这个问题。想象一下露营车和窄船，那里的空间是非常宝贵的。这些微小的空间构成了家庭度假的环境，又可巧妙地作为存储的依托。装得满满的船是一艘幸运的船，因此要借助设计巧妙的内置橱柜、折叠桌子和墙上的挂钩。充分利用每一寸空间是这个游戏的名称。

高效的定制存储解决方案能够更明智地使用空间，适合现代家庭的简单线条。如果要新建或加建空间，不要忘了把无缝隙存储考虑进来。教授麦肯·波尔森（Maiken Poulsen）和经济学家托马斯·赫于·杰普森（Thomas Høy Jepsen）将储物空间作为建筑

上图 墨西哥亡灵节为青春期的孩子们提供了一个很棒的主题。配饰不仅强化了这个概念，同时也增加了储物元素。一个骷髅形软木布告栏可用于悬挂储物柜钥匙和便签。购物袋是洗衣篮的实用替代品。你甚至可以尝试让你的孩子自己将脏衣物送到洗衣房！为现有的几件家具定制一套可怕的骷髅把手吧！

下图和对页图 我很喜欢老式的橱柜，它们已经成为我们家中有序收纳物品的关键家具。小型抽屉最初是用来展示物品的，你可以清晰查看所存放的物品。我最中意的是从绅士装备店淘来的罕见品。它有好多个抽屉，使其成为满足家庭需求的完美储物单元：急救箱、艺术用品，甚至还可以用于存放水果和蔬菜。

师设计家庭的核心元素："整体储存空间对我们的生活环境有积极的影响，这样可以更容易地实现家庭的整洁。"花点时间来考虑家庭的独特需求，并相应地规划你的储物空间。

有挑战性的空间可以催生最有趣的想法。纺织品设计师米娅－路易斯觉得孩子的房间不太宽敞，因此她开辟了一些额外的空间用于储物。"我在通往赫伯特床的每一级阶梯下设置了一个秘密隔间。他为每件东西指定了不同的阶梯。他知道每件东西属于哪里，因此对他来说保持空间整洁很容易。"

小装饰品给孩子们的房间增添了个性。 鼓励他们在指定位置摆放他们的宝贝，并享受其中的乐趣。 一个可爱的搁架单元可以成为一个临时空间，孩子们每天都可以对物件的位置进行调整。

左上图 储存奥利芙的颜料、小饰物的箱子，是曾祖母艾利斯（Alice）传下来的木制缝制盒。它设计有许多隔层，完美地适用于小物件的存储和收纳。我们幸运地从上一辈继承过来，但是它们也很容易在 eBay 上淘到。如果你淘到了一个，把它变成你的艺术盒子，你会发现它的用途是无止境的。

右上图 节省空间和多功能的想法，在任何家庭中都是无价的。可叠起堆放的、耐用的储物箱不仅可以叠加，还可以当凳子使用。通过在箱子上加标记将它们变成魔法盒子，还可以根据存储内容命名来使储物箱个人化。

下图 这是几年前在旅行时买的一个盒子。它的用途随着时间的推移在不断变化，从首饰盒到工具箱。这些天，它又被赋予了一个新功能，即储存棋盘游戏中用到的棋子和骰子。

白天，米娅-路易斯把三岁胡西的床垫掀起来，露出两个深色的柜体，里面放着男孩们最喜欢的乐高玩具。

也许一种更灵活的方法是设计你的空间，让其有更强的适应性。当有了家庭之后，存储空间会随着家庭不断变化的需求而改变，需要仔细考虑。选择模块化的存储系统是明智之举，因为此类存储系统可以根据预算和家人需求做相应调整。为储物箱和搁架装置加上脚轮，可以灵活地把它们从一个空间搬运到另一个空间。多功能、便于移动的物件可以让存储收纳变得更加便捷。

如果你住在一套老房子里，我建议你不要对空间进行划分，而应创建一个集成的存储空间。这看起来十分必要，但还有其他更有想象力的解决方案。例如，基于你的喜好和家居风格购置有新用途的有趣家具。如果你有地方放置独立式家具，它们也可以提供具有魅力和独创性的存储空间。

墙壁通常被认为是死空间，但实际上它也可以提供理想的存储解决方案。壁挂式搁架或方格可以节省地面空间，营造出一种空间感。同时还能展示你所喜欢的收藏，通过独特的陈列组合讲述你和这个家庭的故事。

左图 大衣、手袋和帽子宣告着这是家的入口处。有的挂钩负重太多，以至于弯掉了或从墙面掉了下来。想要保持物件的整洁就要确保有足够的挂钩能满足你的需要。一个好的方法就是让每个人选择自己最喜欢颜色的挂钩。

中图 不需要预留大衣的挂钩。小段的桦树枝变身为简约乡村风挂钩，十分适合挂耳机和线。

右图 挂钩给孩子们的房间增添了个性和功能。如果设计不是过分幼稚的话，钩子会用很久。

索尼娅和埃里克（Eric）在他们阿姆斯特丹的咖啡馆里摆了一张象棋桌。一段时间之后，有些棋子不见了。出于节俭，索尼娅认为剩下的棋子应另作他用。当她想创造一个不拘一格的挂钩组合时，剩下的棋子就派上了用场。

我的爷爷把他的工具有序地存放在车库墙的木制挂钩上。学校的科学实验室也是这样做的。我喜欢传统挂板的质朴和简单，但现在也有一些现代化的高档版本，还可以作为外套挂钩或墙壁挂件使用。我们的情况是，需要一个能够放下旅游通行证、自行车夹子、耳机、奥利芙学校储物柜钥匙、周末马戏团课程通行证、学校时间表和我商店钥匙的存储空间。靠近前门的挂钩是存放物品的绝佳场所。

上图和左下图　当米娅-路易斯设计胡西和赫伯特的卧室时，她在尽可能多的地方预留了存储空间。　在游戏时间，胡西的床垫被放在地板上，充当他们蹦跳打斗时的缓冲垫。床两边装有铰链的挡板可以放下来，打开床板后，床就成了一个游戏区。床箱里做了两个储物空间，装满乐高玩具和装扮游戏用的衣服。　赫伯特架起来的平台床为地面游戏留出了更多的空间。

右下图　孩子们喜欢藏宝和密室。依照米娅-路易斯的做法，创造一个让孩子们兴奋和藏秘密的地方，用来保存他们最喜欢的东西。接受他们的思考方式，并尝试提出一些创造性的存储理念。

在托马斯和麦肯现代风格的家中，充满智慧的存储收纳理念让空间保持整洁。 赋予物品双重功能不仅有助于收纳，还给家具带来额外的意义。这是一个简单的储物座椅，打开后，便能看到里面的收纳空间，可以用来放置鞋子。

看到这个美丽、时尚的家时，感觉非常温暖。
它将儿童游戏与热点旅行指南当作装饰的一部
分。朴素、多功能的开放式储物空间已经成为
家具不可分割的一部分。

变化之家

珍妮特·弗里斯克（Jeanette Frisk）和拉斯马斯·韦斯特加德·弗里斯克（Rasmus Westergaard Frisk）经营了一家建筑设计公司，致力于民主城市发展和可持续设计。公司主张"不要为了人而设计，而是和人们一起去设计"，这一哲学也反映在他们家的室内设计上。他们和六岁的女儿麦尔、四岁的儿子查理（Charlie）一起生活。

这对夫妇的意图是创造灵活的家居环境，以满足不断变化的需求。他们使用诸如桦木板等可持续材料，并开发出价格低廉的模块化存储单元来体现他们的设计哲学。

他们哥本哈根的公寓有一半空间做成了开放式的起居室，剩下的另一半则是卧室和浴室。在起居室，白色界面与天然石膏墙结合，给人平静、安宁的感觉。

上图 通过展示餐具来赞美日常物件。对孩子来说，日式的蓝白色器皿比传统的茶具更有吸引力。不同尺寸和形状的碗碟让每天的用餐充满了乐趣和情调。

下图 宜家壁架已经成为当代家庭的一个重要元素，它为照片、书籍的摆放提供了整洁的场所。黑色的饰面和简洁的设计，与简约的日式家居风格呼应。壁架上的儿童故事书和设计书籍的混合摆放，则是这个家庭的真实反映。

左上图 必要的整理和玩具收纳应该是儿童游戏的一个组成部分。当带轮箱需要在指定的位置停下时，就成了一个愉快的游戏。

右上图 用颜色编码橱柜门是一个有序存放小孩物品的明智做法，能帮助孩子们认识属于自己的颜色，并记住所在的地方。同时它还可以是一个猜谜游戏："绿色门后面是什么？"

下图 为了最大限度地利用空间，珍妮特和拉斯马斯设计把查理和麦尔的床结合在一起，胶合板储物箱所占用的空间和橱柜是其设计的组成部分。适合儿童身高的衣柜鼓励孩子们学习打理自己的衣服和玩具。他们各自的区域通过名字设计进行区分。

起居区内有序排列的模块化座椅，可使实际储存量加倍。通过收藏艺术、设计和旅行方面的书籍，引入颜色、图像和图形设计。这些书摆放在纵贯房间的壁架上。

此外，家中还引入了自然元素。客厅里的唯一装饰是一株可移动的银杏树，这足以说明他们对日本风情的热爱。

儿童房展示了弗里斯克对室内设计的理解与运用。最初一面墙上全是普通的灰色橱柜，提供了充足的储存空间。孩子们的床为达尼什·朱诺（Danish Juno）的经典设计，可从婴儿床变为儿童床。当床再也睡不下的时候，珍妮特和拉斯马斯研究出了新的方案，即将两张床中间的橱柜搬到自己的房间，从而将两张床设计成连体床，巧妙地利用剩余的空间。橱柜现在成为展示充满活力的色彩和图案的框架，门上贴满了礼物包装纸，或是涂上了明亮、纯净的颜色。

悬浮的儿童床设计激发了很多想象力游戏。只要把从上面橱柜里拿出来的毯子挂上，麦尔和查理就可以把床变成一个洞穴，这样的帐篷似的空间是孩子们最喜欢的地方。查理喜欢把他的床想象成一架飞机。毫无疑问，当他长大之后会把成为一名飞行员当成理想。

尽管床功能良好，但现在它们已经走到了尽头。

这个家里所有的家具都是由珍妮特和拉斯马斯设计的。游戏厨房是基于与家具设计相同的原则设计的。脚轮可以让游戏厨房很容易实现空间移动。他们没有减小游戏厨房用具的尺寸，而是用实物大小的水龙头和手柄营造更加真实的生活场景。

左图 当有了自己的炊具之后，孩子们就不会再和你抢真实的厨房用具了。除了特别尖锐的物品之外，你会发现把自己的日常用具与孩子们的微型版本结合起来十分有趣，并且这样做减少了对额外存储空间的需求。

右图 这组模块化组合挂钩系列由 Lars Tornøe 设计，固定在墙的不同高度。鼓励孩子们在够得着的挂钩上挂自己的大衣和帽子。当"圆形挂钩"未被使用时，它们也能在墙上形成有趣的装饰图案。

珍妮特和拉斯马斯利用空间自有一套，因此他们不用担心孩子们长大了以后需要共享房间。他们已经有一个多壁挂系统的想法，将双层床与滑动门和储物相结合，既能保证孩子们兼有隐私、舒适，又能满足他们的需求。

在卧室的另一边，固定在墙上的布告栏和桌子组合悬浮在地板上方。这一组合给孩子们提供了一个制作模型和绘画的空间。它由桦木板制成，有光滑的棕色涂层，使孩子能够轻松地将纸胶带粘上去并撕下来。

简约北欧和日式的融合，营造出简单、优雅之美，同时让整个室内空间有条不紊。珍妮特和拉斯马斯一直关注设计，关注孩子们变化的需求，并随之不断完善和修正设计的指导方针。

家庭问卷调查

你们家的座右铭是什么？
人生就像一场游戏，尽情玩吧。

用三个词描述你的家庭。
幽默、团结和多元化。

珍妮特，你认为充满想象力的童年的关键是什么？
给孩子色彩和灵活的空间。生活在一个不断变化的空间，有助于培养他们长大以后的自信心。参与和塑造周围环境的经验是生活的基础。

你有任何关于存储空间的建议吗？
让储物成为日常家具的一部分，包括床、沙发和桌子在内。这样可以确保你的空间和功能得到优化。

拉斯马斯，你认为好的存储空间解决方案有什么好处？
它能激发孩子的创造力，并有助于灵活多样地利用空间。

你觉得把自然的元素引入室内重要吗？
对我们来说，这是一件非常重要的事情。与城市融合是我们城市设计工作的一个重要内容。

查理，你最喜欢你卧室的哪里？
我的飞机和我的床。

你喜欢玩什么游戏？
我喜欢玩我的飞机，还有就是建洞穴。

麦尔，你喜欢在卧室里做什么？
坐在桌子上画画，然后把我的画贴起来。

你最喜欢在哪个房间玩？
我的卧室！

展示艺术

把孩子们的画展示出来，激发他们的创造力。 一个用儿童创作的艺术品进行家居装饰的家庭，能够培养创造小艺术家。 无论是简单还是精细的展示，都能将个性带入你的家庭。

如果你给他们正确的框架示意，孩子们可以创建自己的展示区。这种边夹系列通常用于餐馆，有了它，你甚至不需要胶带或钉子。这是一个儿童作品展示的不错案例。

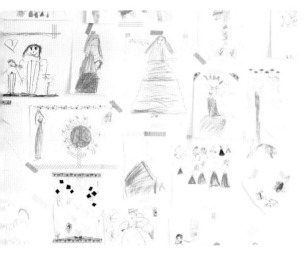

上图 现在我的女儿长大了，我真的特别怀念孩子们在对绘画有自我意识之前通过灵感和想象作画的时光。你鼓励他们越多，可展示的成果就越多，他们也就越有信心。用纸胶带把他们的画作粘贴在墙上，以鼓励他们的创意。

下图 从家里寻找一个空间来展示孩子们的艺术作品，而且作品尽量放在与他们视线齐平的高度，这样他们就可以尽情欣赏自己的作品。一张长长的纸贴在墙面适当的高度，就像一张临时画布，让孩子们可以站着画画。

当我们还是孩子的时候，我和妹妹都喜欢创作。我们的艺术创作成果与从旧货市场淘来的画作，以及我母亲1970年代的手工艺术品，都是我们家室内装饰的一部分。正是这种朴实的家庭环境，赋予了我不同于其他人的个性和思维。

我和妹妹都有一个大型的黑色布告栏，以便把我们的创作成果钉在上面。我们喜欢自由表达，它鼓励着我们继续创造。为孩子们的作品做一个画廊其实很容易，从正式的陈列到更自发的展示，有数不清的方式去展示创作成果。看看你房子里那些空白的空间，好好利用它们。

一小块墙壁可以变成迷人的微型画廊。如果你有更多的墙壁空间，那么可以将所有作品、带框照片放在一起。记者埃瓦·索拉兹（Ewa Solarz）通过起居空间的展示墙认识到她孩子的创造力。

充满活力的色彩与黑色的背景形成了鲜明对比，创造出一种戏剧性的儿童艺术品展示效果。在日常配色之外，寻找更有趣的色彩。Djeco 是一个我信赖的品牌，出售无毒、色彩鲜艳的艺术材料。孩子们用彩纸剪出令人印象深刻的图案。给孩子们添加他们最喜欢的图片或卡片的自由，并记得拍照记录他们孩童时代创作的作品。

可以在家中用超大的框架来创建一个中心装饰品或更独特的特写。填满由儿童创作的艺术品后，它将色彩缤纷，成为一件独立的艺术品。 我们家有两个大型的、古色古香的框架，里面装满了奥利芙和她的朋友阿吉（Aggie）的画作。

索尼娅·德·格罗特（Sonja de Groot）的家里有各种有趣的展示品，包括植物、古董和儿童艺术作品。这个古老的玻璃橱柜反映出她充满好奇心的个性。可以在二手店淘类似的物件，并创建自己的壁挂展示。

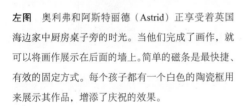

左图 奥利弗和阿斯特丽德（Astrid）正享受着英国海边家中厨房桌子旁的时光。当他们完成了画作，就可以将画作展示在后面的墙上。简单的磁条是最快捷、有效的固定方式。每个孩子都有一个白色的陶瓷框用来展示其作品，增添了庆祝的效果。

右图 纸胶带已经成为创意家族工具包中的必备品。索尼娅用水槽活塞来存储多色的胶带，并准备用这些胶带来粘贴孩子们的画作。

　　"我们把孩子们的艺术作品放在相框里。雅西克（Jasiek，十二岁）和玛丽安娜（Marianna，九岁）为他们的创造力而感到自豪，我们也是如此。庆祝他们的成就很重要。"

　　散布在墙上的一系列家庭照片、孩子们的画作或重要时刻的诗，讲述了一个家庭独特的故事。手印、拼写的初步尝试，孩子们成长的每一步都值得在家庭史中找一个合适的位置纪念。我看到太多的家里装饰着商店买来的图片和海报，虽然看起来不错，但总让我觉得有点冷清。我不禁想到孩子们可以创造更加鲜明的东西。找到自己家庭的座右铭，是一项有趣的活动。这不仅是一个富有启发性的过程，而且当你找到座右铭时，它可以成为手工海报的主题。随着孩子的成长，你可以以手工制作的海报或油画的形式，加紧准备家庭宣言。孩子的艺术作品是无价的。他们用色自由，常使用充满活力的颜色，为空间带来活力。

　　有很多有效的方式来展示孩子们的创造力。尝试在大厅的墙上挂一条晾衣绳，加上五颜六色的艺术挂

埃瓦和米洛什（Milosz）对他们孩子的创作成果做了着重强调。墙面上便宜的贴纸相框简单却实在，满足了相框最原始的功能，在与墙面保持统一的同时，呼应了现代的、极简抽象的室内装饰风格。

钩，将会带给你全新的家庭氛围。室内设计师索尼娅•德•格罗特鼓励她的孩子们使用墙壁："萨姆（Sam）和莉芙（Lieve）找到的空间成了他们艺术创作的画廊。他们的画作是用纸胶带贴在墙上的，因此很容易取下来。"

想要更古旧的东西，可以去慈善商店或旧货店搜集各式各样的框架用于陈列保存。如果你喜欢很有条理的展示，可以一次购买六个相同的画框来做画廊墙。四位孩子的母亲琳达•哈姆林•泰特看到了展示儿童艺术作品的好处："我们展示的不仅是他们的艺术作品，更是他们付出的努力。我们为他们每人买了个相框，以便他们定期更换艺术作品。"

对页图 孩子们可以很多产，有机会的话他们甚至可以在一学期用完一堆纸。在现成画布上绘画或着色是完全不同的感觉。一幅五颜六色的艺术作品会让墙面很漂亮，而孩子们也会为自己的成果感到自豪，同时这也是给祖父母的一份感人的礼物。

上图 不要限制孩子们进行艺术创作。给予他们有趣的空间，让他们自己用创造力去填补。 奥利芙把一个老抽屉刷上黑板油漆作为黑板。抽屉框架可以作为壁架存放粉笔，以及接住画画时掉下的粉笔灰。

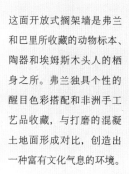

这面开放式搁架墙是弗兰和巴里所收藏的动物标本、陶器和埃姆斯木头人的栖身之所。弗兰独具个性的醒目色彩搭配和非洲手工艺品收藏，与打磨的混凝土地面形成对比，创造出一种富有文化气息的环境。

文化之家

在 15 个月的时间里，弗兰·福尔科利尼（Fran Forcolini）和巴里·门穆尔（Barry Menmuir）将他们的理念倾注进这幢位于伦敦达利奇的 20 世纪 60 年代平房里。巴里自己承担了很多工作，并将这座养老住宅成功改造为充满创意的家。这一点也不奇怪，因为两个女儿，六岁的阿努克（Anouk）和三岁的雷（Ray），都有艺术气质。她们的画作随处可见，或在微型装置中，或在大型的布告栏上。

上图 做家庭游戏给我们一个很好的机会去和孩子们一起度过闲暇时光。游戏有助于孩子们认识颜色、单词和数字。纸牌屋，这个由查尔斯·埃姆斯和雷·埃姆斯（Charles and Ray Eames）在 20 世纪 50 年代发明的建造游戏，在这里最受欢迎。

左上图 让孩子们养成随处回收利用的习惯是十分重要的。弗兰保留着一些蛋品包装纸盒，把它们当作调色板来用。

弗兰和巴里收藏了一系列让人印象深刻的优质中世纪家具，但是在他们明亮、欢快的家里，这些家具只能让位于孩子们富有创意的作品。一间开放式厨房和宽敞的餐厅处在家的中心位置。意大利人的热情和高超的厨艺让弗兰在厨房中大放异彩，而且这个空间也由一个温暖而舒适的烹饪殿堂变身为女孩子们的画室。

左下图 收拾整洁的手推车里放着女孩子们会用到的大量作画材料。孩子们会根据颜色、大小和形状来整理东西。应鼓励她们关心她们的材料，并把收拾整理当成创意活动的一部分。

当然，弗兰几乎每天都会将餐厅变成女孩子们的艺术工作室。Tripp Trapp 高椅让雷可以站在上面观察她的作品。

对页图 阿努克画的一些肖像画陈列在不同颜色的人体模特手上。这些手是弗兰从她店里带回来的，而且都用螺丝固定在墙上。孩子们的艺术作品是自发的、幼稚的，也是非常迷人的。让孩子们每年画一系列新作（在画的背面写上作画的日期），并把它们放入不断增多的家庭收藏中。当她们长大再回头看自己的作品时，一定会十分着迷的。

在两餐之间，女孩子们会把她们的艺术基地从卧室转移到餐厅。弗兰保留着这个复古手推车，里面摆放了大量的新材料或依然能够激发灵感的回收材料。她把很多纸摊在餐桌上或夹在艺术画架上，以便女孩子们作画。女孩子们有一摞旧蛋器包装纸盒，可以用作画板。

在厨房，固定在墙上的货架，你可能在饭店里见过，十分适合孩子们展示她们的艺术作品。使用它，孩子们可以轻松迅速地挂起她们的作品，而不用胶带或大头钉。她们是高产的小画家，其大胆和鲜艳的画作给这个家带来了童真和活力。

弗兰是名时尚设计师，有自己的服装品牌"Labour

of Love"，她不断挖掘自己在色彩运用方面的才华。在家里，她也展现了独到的色彩鉴赏眼光。她将非洲20世纪50年代的手工缀珠求子娃娃与编织篮和印花布结合起来。

具有民族特色的手工制品和传统的中世纪家具让她的家呈现出一种与众不同的气质。终日与这些旧式和现代的物件相伴，女孩子们更有想象力了。

上图 边桌对孩子们来说大小刚好。弗兰和巴里从苏塞克斯的阿丁莱古董展览会（Ardingly antiques fair）淘来原创的 Ercol 套桌，并把它们漆成不同的颜色。

下图 当弗兰的衣服样品送到时，总有双倍的欢喜。阿努克喜欢看到妈妈的设计，而雷计划着搭建一间新的纸板游戏房。

上图　在儿童房挂身高表是司空见惯的。对她们来说，回顾自己的长高总是一件令人兴奋的事。到一定时候，可以把身高表从墙上取下，卷起来，然后保存在记忆箱里。

家庭问卷调查

你家的座右铭是什么？
对一切保持兴趣。

用三个词描述你的家庭。
开放、包容和真诚。

弗兰，你认为快乐童年的关键是什么？
空间和精神自由、理解和爱。

巴里，女孩子们善于创新的天性来自哪里？
我认为是与生俱来的。我们不需要开发她们的想象力，只需要确定她们的想象力没被遏制。

弗兰，你为孩子们买过的最好的东西是什么？
我从法国易贝（eBay）购买的复古课桌。

你最喜欢的童年游戏是什么？
展示我们的画。我们常常在画上放上价签，父母会买他们喜欢的画。这种金钱交易只是象征性的。主要的快乐来自画画，来自自豪感。

你经营着自己的时尚品牌"Labour of Love"。你觉得在一天内将一切事情搞定难吗？
这是家庭企业，我和巴里能够兼顾我们的孩子和他的翻新工作。我很高兴以当一个妈妈为重心，但是我仍然可以以自己的步调追求我的创意事业。我们在不断地发展这个企业，而且随着孩子们逐渐独立，它也在不断壮大。

在你的成长过程中，你接触过设计和创意活动吗？
与别人去海边度假不同，爸爸常带我和弟弟去欧洲城市参观现代建筑。当时我们对此热情并不高，但是现在我承认那些年是有助于我成长的，对我的审美和生活方式产生了实实在在的影响。

雷，你最喜欢房子的哪一点？
我可以在房子里骑踏板车和推我的超市手推车。

阿努克，你最喜欢家里什么东西？
装着彩纸和颜料的手推车。

你家有什么特别的地方吗？
家中仅有的楼梯是我们双层床上安设的爬梯。

下图　别出心裁的收纳方式是这个家的重要组成部分。在卧室，孩子们每个人都有一个大容量的衣柜，内有令人艳羡的大量衣服。她们衣服的展示方式给无尽的装扮游戏提供了灵感。

阿努克和雷共用一间卧室，一组架子将它分为睡觉区和装扮玩耍区。巴里自己制作了很多家具，并为一些物件安装上了脚轮。随着女孩子们长大，空间可以围绕她们调整改变。曾经可能黑暗的角落成为安设双层床的舒适空间。靠近窗户的地方光线充足，空间宽敞，是她们玩耍的地方。当她们玩上学游戏时，一张不同寻常的双人桌就占据了中心位置。在桌子上方，一幅幅的画和拼贴画被固定在软木布告牌上。没几个月，她们选出她们最钟情的画，放在一个文件夹里，然后开始新一轮的展示。

女孩子们的卧室里有一排排精心挑选的衣服，让人联想起弗兰的精品店。巴里制作了一些开放式单元，展示一些漂亮的东西，而不是将它们藏起来。这是个易保持整洁的地方，大量的布料印花和颜色——她们的艺术品本身——创造了一个多彩和有趣的环境。一扇直接通往花园的门，给孩子们提供了一个呼吸新鲜空气和玩户外游戏的途径。

弗兰把房子的成功归功于巧妙而辛苦的设计。深思熟虑后，他们有时间重点考虑室内有趣、有创意的家庭活动。

雷常常以把最新的画贴在家庭艺术墙上为傲。女孩子们都有印有特别图案且最喜欢颜色的 T 恤衫，而不是罩衫或围裙。

隐秘小窝、躲藏处与游戏区

　　孩子们通过有创意的游戏学习。对他们来说，隐秘小窝或躲藏处是很棒的游戏大本营，在这里他们可以做种种探险游戏。从简单的纸箱到简易的小木屋，隐秘小窝提供了一个通往另一个世界的入口。

对页图 对于空间有限的家庭来说,临时隐秘小窝是一个不错的选择。接受游牧精神,购买一顶圆锥形帐篷。它几乎可以在任何地方搭建。不论是在家、花园或公园里,还是度假时带出,都没有问题。就这顶帐篷而言,外层的织物和钩编拼缀外饰让它个性十足。

上图 为托马斯和麦肯一家设计这座住宅的两位建筑师拉斯马斯·弗里梅·安德森(Rasmus Frimer Andersen)和拉斯马斯·斯科鲁普(Rasmus Skaarup),想把多功能设计元素融入孩子的卧室。对这些盒式窗台做了延伸处理之后,它的高度使得它也适合当作书桌使用。放上一堆靠垫,它们就变成了酷酷的休闲角落。

下图 隐秘小窝是孩子可以独处的地方,在这儿孩子们慢慢有了享有个人空间及独自度过一段时光的想法。索尼娅家的客厅中央悬着一把藤编吊椅,这给她的孩子们创造了一处安静的空间。在上边放上一块舒适的羊毛沙发垫,它就会成为孩子们最爱的阅读角。

孩提时代和姐姐一起搭建的那些隐秘小窝给我留下了许多美好的回忆。每个隐秘小窝都是一个想象中的世界,而且会做得越来越精致。我们做过的最简单的隐秘小窝就是在花园里的一棵树上挂上床单,而最令我们兴奋的隐秘小窝是位于楼梯平台上的柜子。妈妈往里面塞入一张旧课桌,把它改造成了一个两层的"房子"。姐姐占据了上层,我占据了底部洞穴般的空间。我们给每个隐秘小窝都起了名字,把它们变成一个个秘密俱乐部基地。我们设定了密码,制作了徽章、会员卡和"禁止入内"标示牌。

隐秘小窝和躲藏处为孩子们提供了完美的想象游戏空间。它们也很适合玩捉迷藏游戏、打盹或舒舒服服地看一本书。无论是构造简单还是精心制作的,在你的空间中搭建一个隐秘小窝,然后看孩子们怎么利用它吧!

本页图和对页左图　纸箱为搭造隐秘小窝提供了良好的基础。它们不耐用，但这并不重要，因为它们是现成的。搭造每个隐秘小窝的时候，充分发挥你的创意吧。你的孩子会乐意参与建造小窝；当他们年龄够大时，他们会很乐于自己搭造一个隐秘小窝。

搭建隐秘小窝就如同画画或玩耍一样，应是一种日常活动；每个家庭都有可能成为用纸板制作的最普通隐秘小窝的基地。如果你想自己搭建隐秘小窝，养成寻找合适材料的习惯。你找得越多，越能看到像废弃包装材料这些日常生活用品的潜力。我保证你很快就会发现自己经常带着搭建隐秘小窝的材料回家。纸板箱带来的愉悦就是它们不会永远存在。事实上，它们有限的使用寿命反倒增添了它们的魔力。搭建它所带来的乐趣与使用它的乐趣一样多，你所做的每一个隐秘小窝都比上一个更好。

我喜欢走进一座房子，从中发现一些意想不到的东西。室内设计师索尼娅·德·格罗特从她儿子对攀登与躲藏的热爱中获得了灵感，创造出终极的卧室隐秘小窝："一看到阁楼卧室里的木头我们就会想，用它为萨姆建一个桅杆瞭望台应该是非常好的。"

或者，如果你能在天花板或门口合适的空间找到实心梁，那么就考虑给孩子的房间添置一架秋千吧。它将成为童年游戏的中心，带来无尽的欢乐。博主莫妮卡·莱纳兹克-维斯妮斯卡（Monika Lenarczyk-Wiśniewska）给她女儿卧室添置了一架秋千。"当女孩们玩秋千时，有时她们假想是在马戏团表演。而其他时候，她们则假想秋千是一个舞台。它激发了她们的想象力，让她们开心几个小时。"

上中图 如果你不想止步于搭建一个纸箱隐秘小窝，你还有很多现成的选择，从小火箭到小屋，应有尽有。买一个基础模型，然后根据具体情况做个性化改造来适应你的孩子。更好的是，跟你的孩子一起装饰它。克洛伊（Chloe）用黑色胶带把一个简单的白色架子进行了升级改造，做出了一个令人兴奋的杂货店。

右下图 被压平的箱子被做成城堡的轮廓，配上用绳子固定的吊桥，就是一个简单的 DIY 项目。把它摆在门的里侧，就可以开始一下午的冒险了。把它与你回收利用的东西一起放好，再在下周做个不一样的东西吧。

上图 建造永久结构从空间和资金两个角度来说都是大投入。如果不想让它沦为昂贵无用的累赘，你需要让它为你的家庭所用。想想一个隐秘小窝可以承载的不同功能。一个大到可以放下铺盖卷的隐秘小窝，可以用作供孩子朋友在家过夜的宝贵空间。我的小侄子是在我们的小屋里过夜的第一个人（对页图中可以看到小屋的外观），他对小屋很满意。

下图 索尼娅和埃里克为他们的儿子萨姆创造了一个桅楼瞭望台藏身处。它搭设在他的卧室上方屋顶木梁之间，占用最小的空间。在屋顶上的活板门上边，攀岩网既是往上爬的工具，又是安全网。这是房子里最令人兴奋的空间。

把室内空间的一部分塑造为隐秘小窝，有时会让你拥有意想不到的选择。我们居住在伦敦东区一座经过改造的厂房中，在这宽敞的开放式空间，我们将其中一部分打造成大房间里的小房间。我们给小木屋安装了脚轮，这样我们可以随心所欲地推着它在房间中移动。这个小屋是个十足的多功能场所，我在这办公；奥利芙把它作为画画与听音乐的隐秘小窝；孩子们来我们家过夜时它可以充当简易小屋；在举行聚会的时候，它还能作为酒吧。

如果你的空间有限，可以买个能够快速方便拆装的可折叠隐秘小窝。轻巧便携的圆锥形帐篷或用布做的温迪小屋（儿童游乐室），让孩子们可以轻松地在任何地方搭建营地。室内营地很可能会变成一个被靠垫与柔软玩具填满的温暖舒适空间，很适合安静读书甚至睡个午觉。室外的营地可能会成为更激烈、吵闹的游戏的中心。

如果你计划在居住空间加入一个永久性隐秘小窝，那么你要保证它
与你的室内风格一致。我们的定制小屋是用回收材料制作的。前镶
板上包裹着一层升级再利用的地板，拼成巨大的"V"形。这也是
我们的标志图案，与拼成"V"字形的镶木地板形成呼应。

我们住得离伦敦的哈克尼沼泽很近，那儿是搭造隐秘小窝的完美场地。奥利芙与她的小伙伴可以整个下午都沉浸在寻找树枝与长长的蔓生常春藤用以搭建小屋的游戏中。这样的游戏结合了新鲜空气、解决问题与创造性思考，使孩子们获得极大满足。如果你们附近有公园或森林，那么你不用毁坏树木与叶子，就能够轻易地找到原材料。在野外搭造隐秘小窝就要进行伪装，融入环境。

如果有室外空间，而且预算宽裕，不妨考虑建造一个坚固防水的隐秘小窝或树屋，在夏日里还能作为孩子们在外过夜的栖身之所。木制儿童游戏室平平的屋顶还可以兼作花园植栽床，为种植几盆香草提供日

上图　秋千给孩子们提供自由玩耍的时间，使他们进入想象中的游戏世界。秋千也能促使他们多运动，尤其是在阴冷多雨的日子孩子被困在家时。

下图　西尔维娅（Silvia）和巴特罗梅伊（Bartlomiej）想给利昂营造一种有趣的环境。引入户外元素，使得利昂的卧室成为一个欢乐的室内游乐场。坚固的门框或梁为秋千提供了完美的悬挂点。一连串的镜面小球悬挂在窗前，犹如一个星座。当他荡秋千时，小球会把光反射到屋内。

对页图　舒适惬意的阅读区能鼓励孩子们静下心来看一本好书。

照充足的园地。摄影师埃玛·唐纳利发现十岁的蒙蒂与七岁的阿格尼丝在户外玩耍的益处很多。"她们喜欢在后花园搭建个隐秘小窝。它能鼓励他们多到户外玩，并且在他们自己的空间里自由想象、创造。这种老式的游戏除了涉及很多搭建技巧，还有神奇的一面。它让他们能够探索周围的世界。"

精彩的童话故事中多有隐秘的阁楼、处在树林深处的小屋或神秘的山洞，这不足为奇。狭小空间很容易给人一种神秘感。鼓励你的孩子们纵情想象一番吧。

左图　用棍子制作隐秘小窝是童年游戏中的基本部分。"Stick-lets"木棍连接环是一项伟大的发明。这些可以循环利用的硅胶连接环使搭建隐秘小窝或圆锥形帐篷的框架变得很容易，不需要再把任何东西捆扎起来。前往树林或公园时带上一袋吧。在孩子们建造完美的藏身处时，它们就能派上用场了。

右图　用旧床单制作的隐秘小窝是我们在祖父家度夏时的日常活动。我们把床单甩过晾衣绳，用帐篷地钉固定好。搭建隐秘小窝并非只能在花园中进行，也可以在室内悬挂一块长布，用一堆枕头把两端固定起来。

埃玛和詹姆斯（James）住在英国海边，他们的孩子可以自由自在地在新鲜空气中散步。在后花园，当他们不在沙滩小屋玩时，就在屋外的加拿大式划艇中探险。

对页图 阿加塔和伊恩想创造一个乡村小城堡。虽然他们的房子没有那么宏伟，但是回收材料与古董的迷人组合装饰，让它具有一种历史感，引人入胜。

上图 他们家中的每个角落都有可供邦妮改造成隐秘小窝。在门厅里她可以躲在挂帘后边，把它变成自己的小屋，而通往花园的台阶可以成为跳跃游戏的平台。

秘密之家

阿加塔•汉密尔顿（Agata Hamilton）和伊恩•汉密尔顿（Ian Hamilton）把华沙市郊一座具有历史意义的房子改造成了布局不规则的家。这座1900年建成的建筑本是一对秘密情人的隐居地，如今变为这对夫妇及他们四岁的女儿邦妮与三个月大的雨果的有趣住处。通过将他们的波兰和英国背景与对建筑的热爱、继承的古董融合，阿加塔和伊恩创造了独特的现代家庭风格。

下图 因为屋内有一些互相通连的房间，所以在这个房子里玩捉迷藏再好不过了。随着孩子们逐渐长大，他们会找到更多躲藏的地方，而阿加塔和伊恩已经着手把洞穴似的地下室变为孩子青春期前玩耍的终极隐秘小窝。

左上图 这顶印第安帐篷是这座处处有藏身处和隐秘小窝的房子的象征。这顶微缩版的帐篷是对游牧乡村生活方式的认可，也是对伊恩和阿加塔为孩子们营造自由的愿景的赞许。柜子被涂上黑漆，变成了巨大的黑板。

右上图 当孩子们玩累了，他们需要有个舒服的地方躺下来，睡上一觉。阿加塔用泡沫方块做成巨大的拼缀垫。这些垫子又轻又舒服，还能拿到别的房间，把任意的角落变成一个舒服的地方。

下图 在邦妮的艺术工作室里，巨大的巴厘岛风格桌子是以前的房主留下来的。阿加塔说他们本来不打算保留这张桌子，但是它的高度和大小给孩子们使用很完美。当邦妮不坐在桌子旁作画或绘图时，也可以在它上面蹦跳或跳舞。邦妮说这张桌子最棒的一点是能够让她躲在下边。

给孩子们创造一个有活力的成长空间是阿加塔和伊恩优先要做的事。他们先前的想法是把旧谷仓改造成家，但是因为在华沙市及周边老建筑物供不应求，最初的想法落空了。于是他们扩大搜寻范围，被遗弃的房子也包括在内，很快发现了距离阿加塔童年的家不远的一个地方。老房子需要翻修，汉密尔顿夫妇把注意力和激情投入到大量的翻修工作中。修复这座破败的建筑不仅让他们能欣然接受它的个性和灵魂，还为他们提供空间去实践现代家庭生活的想法。

他们家的内部空间体现了夫妻俩共有的激情，在得知阿加塔和伊恩两人都是设计师后这就不足为奇了。内部的工业风与周围的乡村和这座房子的乡村特色形成了对比。事实上，这也是一个办公的地方，厨房的桌子提供了完成创意项目的空间，也是用餐时间家人聚会的地方。

在这具有创意的工作室生活氛围中，阿加塔和伊恩事业蒸蒸日上，他们也为孩子们提供了工作室。对他们来说，提供游戏室似乎是理所当然的事。这是孩子们的地盘，位于房子的中心。水泥材质的地面、生锈的钢梁和外露的砖墙给空间以工业感，其中有一面墙被用来展示邦妮的油画。

给孩子们提供基本用品，他们会创造出自己的游戏。你不必用设计对游戏房进行过度约束。伊恩为邦妮制作了这个简易的木框架。它可以是邦妮想象的任何东西——房子、商店、医院或咖啡馆。

厨房黑色的墙和灰色的混凝土地面创造出一个富有戏剧性的空间，邦妮喜欢在这里玩。用于跳房子游戏的粉笔图案是这座房子的常见一景。在冬日里，当外面被厚厚的冰雪覆盖时，地板下的暖气系统让厨房成了一个温暖舒适的空间。墙上挂着邦妮的一列画作，其下空白处是她每天画新东西的地方。

阿加塔和伊恩给邦妮建造了一个"木房子"作为多用途游戏空间。"木房子"框架简易，易于与不同的织物搭配，根据当天的游戏内容，可以作为游戏房、隐秘小窝或商店。他们还计划着给这个"房子"安装上脚轮，让它可以四处移动，从而用途更多。

翻新对于阿加塔和伊恩来说像是持续行进的车辆，还远未完成。在一些出入口，他们没有安装门，而是挂上厚重的帘子，它们赋予这座不断发展变化的房子瞬变的特点。一楼增建的两个新房间在房子中形成了一条自由穿行的环形路线。邦妮和她的朋友，不论是步行还是玩滑板车，都能急速从一个房间到达另一个房间，而不会遇到此路不通的情况。这是一条通向无尽奇遇的路。

多重历史在这里被小心保存。原始材料，如暴露的砖头和木料，营造出质朴温暖的氛围。厨房的打磨混凝土地面，刷上深灰色的颜料，与之形成质地上的对比。邦妮把这个空间当作游乐区，她喜欢在深色地面上用粉笔画画和涂鸦。黑板墙也是以前留下的，黑板和地面都很容易擦干净。

家庭问卷调查

你家的座右铭是什么？
和平共处。

用三个词描述您的家庭。
梦想家、制作者、吃货。

伊恩，你有没有保存你童年时的任何物品？
我在寄宿学校用的箱子，里面装着我所有的成绩单和给家人的信件。

孩提时代，你喜欢做的事情是什么？
我一直住在乡下，因此我们在谷仓、树洞和附属建筑做了隐秘小窝。这是我童年的一个重要组成部分。

阿加塔，一个快乐童年的关键是什么？
给孩子爱和安全感，以及一个可以称为家的基地。

你热衷于给邦妮一种创新的环境。你所提供的最重要的是什么？
我们尽量不限制她，给她宽松的环境，而且我们让

她独自在艺术活动中探索。我们觉得很幸运，因为我们有足够的空间给她自由。

你认为邦妮为什么能成为一位多产的小创造者？
我认为我们建造房子、装修每个空间的过程，给了她制作、动手、创造、讨论的观念。

邦妮有没有在哪个装修项目中帮忙呢？
她房间里的大木桌桌腿断了。她帮助建筑工人修复桌腿，因此她对那张桌子很有感情，而且仍然记得这项工作。她还帮我给她的床涂漆。

邦妮，你最喜欢的游戏是什么？
建造隐秘小窝！

你喜欢在厨房的地面上画什么？
很长很长的跳房子游戏图案。

你有最喜欢藏身的地方吗？
工作室里的旧木桌下。

楼上，孩子们的卧室感觉就像温暖舒适的藏身处。雨果（Hugo）的床正好能放进一个舒适的、专门修建的凹室，而且凹室还用类似小木屋的木材覆面进行了装饰。邦妮的卧室被布置在斜屋顶下，这是一系列构思巧妙、舒适的小窝式空间。老建筑的角落和缝隙没有被包裹覆盖，而是敞开着，让孩子们有机会灵活地改造这些空间。漂亮的织物顶罩把邦妮的古董床变为一个梦幻的童话胜境。

这座房子很大，但是这家人的生活方式让这里不会给人通风不畅或过于刻板的印象。相反，这是个鼓励自然随性、游戏精神的家。

对页图　正是屋檐下的隐藏空间让邦妮的房间成为一个令人兴奋的地方。在这个家里，搭建隐秘小窝是家常便饭，她从每个房间偷拿靠垫来装饰自己的空间。可以肯定的是，随着她长大，她的创作技能将变得越来越高超。

下图　邦妮的古董双人床是各种游戏的舞台。房子以前的主人之前把这张床拆散收了起来，但床原有的深黑色染木意味着这件相当灰暗的家具该修复了。把它漆成鸭蛋蓝不仅使它恢复了活力，还赋予它一个崭新的形象。

创意空间和家庭作业区

为孩子们设一个专属的创意或家庭作业区并非必需，但是在你现有的空间内能为他们提供什么是值得考虑的。随着孩子们的成长，他们的需求会增加，因此留心那些关于改造房屋的巧妙构思。

本页图与对页下图　一张旧课桌就能把卧室的角落变成有趣的区域。阿努克和雷喜欢坐在他们的双人桌旁，玩上学游戏。在这个空间里，他们能通过有创意的角色扮演游戏来表达自己。

励孩子们在餐桌旁玩游戏。孩子们在共用的卧室有地方玩耍，而在开放式的起居空间，即使莫妮卡和埃米尔正在做饭，一家人也能在一起。

对于孩子们来说，粘贴、绘画、涂色所有这些就是把东西弄得一团乱。帮他们卷起衣袖，让他们自由地与各种颜色和纹理打交道。他们只需要基本的材料、尽可能大的空间和很多鼓励。奥利芙小的时候，我们没有专门开辟特定的绘画空间。我们简单地在厨房地板上铺开可擦洗的油布，再放上衬纸。它给我们很大的空间作画，而且不必担心东西从桌子的边缘掉落。

四个孩子的妈妈琳达·哈姆林·泰特喜欢看着她的孩子们沉浸在创造性活动中。"奥利弗（五岁）

和阿斯特丽德（七岁）喜欢创作。放学以后，他们会在餐桌上摊开纸画画。埃琳（三岁）喜欢加入，我也能想象艾达（六个月）稍大点以后的那种乐趣。现在他们都愿意在一起。我不认为他们现在需要独自的空间，因为他们以后会有很长时间独处。"

在奥利芙没这么大的时候，我们喜欢一起画画。我总是抵制由自己来主导的想法，试着鼓励她形成自己的看法。她的画一干，我们就把它贴到桌子旁边的墙上。我时常会想，如果没有给她指导和指引，而是只坐在后边看，结果会怎么样。听到奥利芙的艺术老师说她十二岁时就形成了自己的风格时，我找到了答案。鼓励、协助并且参与，余下的事情就让孩子们自己做吧。

我们都知道随着孩子们成长，他们会通过玩来了解世界。他们会把一天的事件重演并把情节表演出来。上学游戏是一种流行的游戏，而课桌是头号道具。以不同方式使用它，它可以变身为商店柜台、船的舰桥或咖啡馆里的桌子。有些课桌设计精美，用可持续材料制成，随着孩子们成长还可以调节。它们需要花钱购买，但它们可以使用不止一个生命周期，以后可以变成做作业的合适地方。如果你的预算有限，也有很多基本款可以选择，可以用到孩子们长大。试着到eBay网上搜搜或到二手商店找找老式办公桌。它们使用的材质往往比很多现代家具好，而且经常会有孩子们非常喜欢的隐秘的放笔处和墨水池，让他们兴奋。

如果你在家里有自己的办公桌或工作区，可以确信它会成为孩子最喜欢玩的地方。室内设计师索尼娅•德•格罗特喜欢让孩子在她的办公桌旁工作。"萨姆(十岁)和莉芙(七岁)两个人的卧室都有工作区，但是因为喜欢与我们在一起，他们经常在客厅的桌子旁工作。

上图 白天这个小屋是我的工作室。当奥利芙放学回来以后，我很乐于让出小屋，让她在这里做作业。她喜欢把小屋前门关上，然后一边听音乐一边画画。

一张可以供人把腿放到桌子下边的老式办公桌，可以
给没到青春期的孩子做作业用，既整洁又便宜。从
eBay 或庭院旧货出售市场很容易买到。如果够幸运，
你或许能买到抽屉有钥匙的桌子，它更带来兴奋感
和私密感。

索尼娅和埃里克提出一个简单的解决方案,将客厅里他们梦寐以求的赫尔曼·伊普马(Herman Ypma)桌子变成他们的秘密空间:用一道白色窗帘将房间分为两部分。当他们需要时,这儿也能转化为一个备用房间。

我喜欢孩子在这里与我们一起工作，这能够激发他们的创造力。"

当家庭作业时间表开始发挥作用时，大概是时候改进孩子们的作业区了，但也不需要想过多。记者埃瓦·索拉兹有一个非常简单的解决方案："雅西克（十二岁）上学后，我们用红色胶带将他房间的桌子划分为玩耍区与有条理的学习区。"

上图 儿童桌成为一个视觉焦点，甚至对于较小的孩子也是如此。莫妮卡选择复古风格的胶木桌子和椅子给她的女儿们共用。小抽屉用来放画画的纸与笔再好不过。

下图 如果你家客厅有空间，放一张儿童桌可以实现不同的目的。这张简单的小木桌大小足够两个小朋友面对面坐着一起玩。它也能作为儿童餐桌，而且夏天搬到花园中也很容易。

上图与下图　当安内特（Anete）对房间布置有什么想法时，就会到处搜罗，直到找到符合要求的东西为止。老式课桌对于卡亚和祖扎来说是迫切需要的。她为双胞胎姐妹找到的老式双人桌似乎很适合她们，两人可以并排坐着。当她们想分开坐时，可以到餐厅大桌旁。

尼娜在家办公时，很愿意与孩子们共享工作区。一排简单的白色桌子让她们有足够的空间一起坐在阁楼办公室里。孩子们每人都有一个颜色鲜艳的软木布告牌，这样她们可以把自己的画钉在上面。

嵌入式工作台常常是使你的空间最大化的最好办法。埃瓦和米洛什希望玛丽安娜和雅西克在自己的房间有一个像样的书桌空间。大开窗使花园里的树木成了前景，并且让大量自然光洒在桌子上。

上图 雅西克桌子旁的窗台上摆了几盆仙人掌，让人印象深刻。只要孩子们看到仙人掌尖尖的针叶，就会想起要照料它们。

不要忽视你拥有的户外空间。用黑板漆粉刷一段外墙，就能够把千篇一律的空间变成创意空间。如果你家外围有一片铺砌过的区域，随时准备一盒粉笔。我喜欢坐在门前台阶上，看看奥利芙和她的朋友们用粉笔画来画去。摄影师埃玛·唐纳利看到了他们后花园的创意潜力："在夏天，蒙蒂（十岁）与阿格尼丝（七岁）会把后花园作为玩耍和手工的拓展场地。他们总是更愿意在室外玩，而他们的木头游戏屋就是他们的咖啡馆与艺术工作室。"

抓住一切机会推动创意活动。即使在洗澡时，也可以用特制的沐浴蜡笔进行创意活动。任何把日常生活与创意结合起来的计划都是成功的。

上图 克洛伊与汤姆喜欢玩乐的个性让他们做四个孩子的父母游刃有余。去年圣诞节玩偶小屋送到的时候，克洛伊花了几个小时制作他们家家具及海报的微缩版，用以装饰小屋。孩子们问他们这个小屋是不是真的是圣诞老人送给他们的礼物。

下图 充足的储物空间是多成员的家庭所必需的。整面墙的宜家 Expedit 组合衣柜提供了似乎数不清的格子空间。独立的格子空间让人可以轻松把物品以容易整理的大小进行分堆收纳。

富足之家

青梅竹马的克洛伊•瑟斯顿（Chloe Thurston）与汤姆•瑟斯顿（Tom Thurston）家庭生活悠闲。他们没有把时间花在考虑打造完美的家族房子上，而是买了一处新建的房子，这样他们可以把这处房子轻易变成他们自己的家。他们喜欢与十一岁的贝拉（Bella）、九岁的萨切尔（Satchel）、四岁的基蒂（Kitty）与一岁的拉弗蒂（Rafferty）一起旅行，想到有一个家可以回他们觉得很安心。克洛伊与汤姆以前和贝拉与萨切尔居住在伊比沙岛，现在他们正计划全家搬去马略卡。

瑟斯顿超酷又好玩的现代风格的家，距离多塞特的沙滩只有五分钟路程。他们夫妻俩都在多塞特长大。克洛伊是一名博主，汤姆是应用软件的开发人员，他们俩都深信应该让他们的孩子精通科技。年长的三个孩子在房间里都有桌子，而放了超大苹果 Mac 电脑的两个工作台是全家使用的，也是家中最受欢迎的地方。然而，克洛伊和汤姆有一条不

两张并排放置的宜家 Beståburs 桌把工作台变成了任务控制台。这是为新一代准备的技术创新温床。白色高光的桌子与墙上的 Uten. Silo 收纳架让这里有了有趣的太空时代氛围。

成文的规定，看屏幕的时间不能影响到真实生活。他们很骄傲的是教会孩子们有创意地使用技术，而不是被迫运用技术。在家庭旅行或吃饭时，不会有任何一个孩子在玩电子设备。

克洛伊喜欢极简风格，但是作为四个孩子的母亲，只能无奈放弃了。取而代之的是，她采用了一种可以包容鲜艳的色彩与图形海报的简单白色背景的设计理念。这个房子到处都是充满设计美感的儿童用品，家人们很喜欢克洛伊珍藏的童年时代的古旧图书与玩具。它们占据显要位置，克洛伊还在 eBay 网站上热切搜索 20 世纪 80 年代全套的《小马宝莉》（*My Little Pony*）与《爱心熊》（*Care Bears*）。收纳空间对于这个家庭是不可或缺的。幸运的是，他们有很多定制的储物空间，在需要大扫除时，可以把东西隐藏起来。

左图 大厅是布置画廊墙的完美空间。克洛伊的另一个项目是对 Graham & Brown 品牌的画框图案壁纸做个性化设计。她用打印出来的黑白插图填充画框。无论是选择引入色彩还是走单色路线，你都可以把它变成一个家庭艺术项目。让你的孩子直接在画框里作画，或者剪个模板让他们在上面画画，创造一张独一无二的壁纸。

中图 单色的图片和床上用品上的图形组合，把萨切尔的床变为一个现代超级英雄聚集地。一套乐高储物盒在他的床下整齐地摆放着。

右图 如果你有一个大家庭，就用混搭床品让生活简单点。黑白图片的组合意味着可以有很多选择，更重要的是，上床睡觉时总会发现惊喜。

他们的房子足够宽敞，允许在一楼采用开放式布局。他们的理论是通过生活在一个开放的空间里，家庭形成开放的文化。由于大部分时间家人待在同一个空间，克洛伊和汤姆能与孩子们真正亲密接触。不在一起做事情时，他们也可以分散行动，享用此空间。汤姆正在教贝拉和萨切尔写计算机代码和用电脑制作音乐的方法。克洛伊为他们在 WordPress 网站上创建了一个私人博客，以便他们尝试分享一些东西。

贝拉和她的朋友们创办了一家销售 T 恤衫的网站，T 恤衫的图案是她们的画经由电脑转换后形成的图案，而萨切尔从 YouTube 上的艺术和魔术教学视频中学习

了一些技巧。做作业时，他们可以每人使用一台 Mac 电脑。做作业或从事创作活动时，没有正式的屏幕时间限制，但是他们每个周末只有一个晚上可以玩电脑游戏。

为了简单易行，这家人现在采用了"少数服从多数的原则"，因为同时满足四个孩子的个人兴趣较为困难。会有三个孩子坐在柔道馆或舞蹈教室外，等一个孩子完成活动。现在只有孩子们中至少三个想做同样的事情，他们一家人才会一起活动。他们繁忙日程中的休息时间是全家都喜欢的，这给他们带来平衡感。孩子们很多时候会把科技放到一边，做回无忧无虑的

孩子。他们会在花园做几个小时的剧烈运动，嬉闹玩耍，上演娱乐秀。当汤姆和克洛伊需要出差时，他们一家人会集体出行。

在楼上，孩子们拥有明亮通风的房间，与楼下的房间遵循同样的打造原则——白色墙壁上装饰有粘贴画与挂饰。贝拉有一间自己的房间，她喜欢在那里独处。这个房间有成人气息，有一张很大的搁板桌、一架拍立得相机和她最喜欢的文具收纳盒。只有桌上摆放整齐的

身为一个忙碌大家庭中最大的孩子，有一个避风港也许很重要。贝拉的卧室里有一个整洁的区域，可以学习或娱乐。一个设计精巧的宜家隔板桌倾斜放置时，就会变身为一张画板。

拉斐的卧室色彩缤纷，充满巧妙的设计想法，让实用的物件多了创意。由 Magis Me Too 设计的 Paradise Tree 衣帽架，十分有意思，它让挂衣服就像玩投环套物游戏。

一排天使娃娃（Sonny Angel）会让你想起这是一个孩子的房间。萨切尔与基蒂共用斜屋顶下的卧室。这个房间比较大，两人各自拥有一个宽敞的角落与一扇窗户。萨切尔有一张简易的桌子，他把它当作搭造乐高模型的工作台。拥有自己的空间使得他能做出适合自己的选择。基蒂喜欢用她的老式木桌与漂亮的粉色椅子玩所有的想象力游戏。

克洛伊与汤姆欣然接受激动人心的新科技产品，但也不以牺牲他们最爱的简单童年物件为代价。家庭成员的亲密感与充足的新鲜空气是神奇的生活要素，足以抵消计算机的巨大魔力，提供健康平衡的生活。

左图 在拉斐以彩虹为主题的卧室里，快乐是常态。充气玩具如热气球、鳄鱼和棕榈树，给孩子的房间带来有趣元素，也是做游戏的极佳道具。在房顶上装一排挂钩，这样就能引入新元素。充气玩具很轻，因此玩耍时能够轻易取下来。

右图 一个戴面具的"红手帮"（Red Hand Gang）木衣架把拉斐的外套变成了卧室墙上的一个怪人。他的 Brio 牌灶具很受喜爱，可以制作比萨放在楼下的纸箱杂货店售卖。

家庭问卷调查

你家的座右铭是什么？
选择一份你热爱的工作。这点是我们真正想灌输给孩子们并且鼓励他们做的。

用三个词描述你的家庭。
有趣、精力充沛，还有紧张忙碌！

克洛伊，你是什么时候遇到汤姆的？
我们一起成长，就住在隔壁。我们是最好的朋友，汤姆在篱笆上挖了个洞，这样我们就能在花园中见到彼此了。

汤姆，对于盯着电子屏幕的时间，你制定过什么规定吗？
我们的孩子们知道什么时间合适，什么时间不合适。在这个忙碌的家里，他们没有机会花太长时间干某一件事。在吃饭时间或在餐厅，我们不会让他们使用电子设备。他们知道屏幕时间不应该影响真实生活体验。

克洛伊，哪本儿童读物是你最喜欢的吗？
我一直想要补全我的那两套 20 世纪 80 年代的《爱心熊》与《小马宝莉》。我从 eBay 网上找到了缺失的那些单本，但是我的旧书是最好的……现在书里还写着我名字的首字母。

克洛伊，你与父母在一起的时间多吗？
他们住在附近，夏天的时候我们总在他们的游泳池里玩。

贝拉，你喜欢用电脑做什么？
打理我的店铺——熊猫外星人（Panda Aliens）。

萨切尔，你最喜欢用电脑做什么？
制作音乐（萨切尔想成为一名 DJ 巨星）。

基蒂，你在家的时候，想到哪里玩？
我的房间，因为我喜欢那里。

基蒂，你的袖珍娃娃屋中最好的物品是什么？
小毯子，我喜欢用它安顿天使娃娃们睡觉。

拉斐，你最喜欢的词是什么？
吼叫！

温暖舒适的卧室

以有创意的方法设计孩子们的卧室，从而创造一个有感情与灵魂的特别空间。即使最简单的空间也可以被改造得舒适温馨，给孩子们提供温暖与安全感。

对页图　雨果的房间出人意料地融合了乡村元素与色彩。阿加塔和伊恩拥有的每件物品几乎都有故事，比如这是他们最喜欢的地毯，是从一个阿拉伯市场买的。他们选择了一张宜家婴儿床，而不是设计师款的婴儿床。用不含 VOC（挥发性有机化合物）的涂料自己粉刷，你也能把一个标准设计变为点睛单品。

上图　莫妮卡为佐娅（Zoja）、比昂卡（Bianka）和盖亚（Gaia）营造了一间共同分享的有趣卧室。盖亚的床与云朵形状的小地毯，都是波兰品牌 Kutikai 的。一个大传统衣柜经过 Woodszczescia 升级被粉刷成薄荷绿，装着女孩们所有的衣服，以及莫妮卡"踮着脚尖的女孩"（Girls on Tiptoes）品牌的舞蹈服装。

下图　西尔维娅对于利昂的卧室如何装饰抱有开放的心态，但是她确定自己想创造一个能够反映他个性的有趣空间。等他逐渐长大，她有很多想法与他分享，但是她承认关键还是看他自己的想法。

孩子们的房间应该温暖舒适，以讲故事时间与睡觉时间为主要关注点。通过一些精心设计，你可以营造一个白天作为游戏房，晚上作为卧室的房间。

如果家中没有房间作为独立的儿童房，你可以在卧室开辟出一小片儿童区。一个角落或一个凹室可以改造为摆放着一张婴儿床的简单漂亮的空间。加上一些好看的轻质的悬挂布料，你就能创造一个光线柔和的凹室。如果有空闲的房间，那么组合出一间育儿室无疑是最让大多数父母激动的室内项目。选择一些可调节的家具，在孩子成长期间也能继续使用。每种预算都有相应的产品，关键是避免购买一堆可有可无的育儿用品。插画师西尔维娅·波戈达喜欢她十八个月大的儿子利昂房间的那种简洁。"他还太小，不能告诉我他喜欢什么，因此我暂时只能依靠我的想象，试着用小宝宝的眼光观察东西。"

拉斐的儿童床是做各种游戏的大本营，睡觉时又是一个梦幻的空间。当他坐在这张装有轮子的床的前部时，他把它想象成一辆轿车或巴士。

当我的女儿奥利芙还是婴儿的时候，我尽量采取简单的布置。楼梯下摆放的一个五斗橱成了为她换尿布的舒服角落。如果你能抵挡住购买太多件衣服的诱惑，那你对空间大小的要求就会降低很多。在我们还是孩子的时候，我们只有几件换洗的衣服：一件拿去洗，一件穿在身上，再有一件待晾干。我认为一个大抽屉应该就能装下新生儿的全套衣服与用品了。配上一排挂钩来展示你最喜欢的那些物品。

气氛照明是把环境从明亮欢快的游戏区转变为宁静的睡眠区的最简单办法。变光开关是最显而易见的解决方法，而只在睡觉时间开启的夜灯则能带来美妙的感觉。

上图 床应该是舒适的地方，既可用于娱乐又可睡觉。一堆五颜六色的枕头可以把床变成一座宫殿或一片满是蓬松云朵的天空。当孩子们每天晚上拿着玩具上床睡觉时，这有助于他们进入入睡前的放松阶段。

左下图 以明亮或大胆的颜色装饰一个房间，不是赋予它个性的唯一方式。用单色的纸胶带把黑白海报拼贴画贴在墙上，可以把这个白色的空间变成一本巨型漫画书。

右下图 在比昂卡卧室内，Mofflo 床简约而传统的样式让人想起传统的儿童故事书中出现的设计。这个床呈现出柔和的粉红色，给人一种梦幻般的感觉。因为它是实木框架，所以在床上坐着和倚着阅读时感觉很舒服，当然这也意味着物品不会从床的后面掉落。

克洛伊和汤姆委托木工为基蒂
定制了一个木床框。似房子形
状的床框与儿童床垫贴合。睡
觉的时候，缠绕在木框顶上的
一串灯散发出漂亮的光晕。玩
的时候在床框上挂上布，床就
变成了一间让人兴奋的儿童游
戏室。

阿格尼丝的卧室有丰富的色彩和图案组合，令人愉悦。这间卧室没有固定的主题，而是由不同的几何图形与插图组合，但是这个空间反映出了阿格尼丝的喜好。

左图 在我成长阶段很难找到任何标有我名字的物件，但是随着各种复古字母产品的流行，现在很容易挑到标有名字首字母的产品。这个巨大的"A"给阿格尼丝的卧室增添了几分欢乐。

右图 阿加塔为床制作了简单的布幔。布幔从固定在屋顶的窗帘杆上垂下，把邦妮的床变成了童话空间。他还在窗帘杆上缠绕了一串灯，于是床到夜间就变成了仙境。

本书中的很多孩子都与兄弟姐妹共用卧室。博主莫妮卡•莱纳兹克-维斯妮斯卡为佐娅（六岁）、比昂卡（四岁）和盖亚（两岁）打造了一间共享的卧室。"我给每个孩子挑选了不同风格的床。这样做有助于针对每个孩子的个性在不同区域营造出不同的感觉。"双层床无疑是节约空间的经典之选。我接触到的很多家庭都是这样，处在婴儿时期的孩子们快乐地睡在一起。具有储物功能的床很好地利用了小空间。看起来像玩具店的卧室不利于促进睡眠，因此在一天结束时能够收拾利索是它巨大的优势。如果我和奥利芙在她睡觉前没有时间整理她的卧室，那么我就在她睡着以

后，再悄悄进来，快速地收拾一遍。这意味着新的一天不会从一派混乱开始。

因为我们伦敦东区由厂房改造的房子正在翻修，所以我们只能暂时住在只有一间卧室的小房子里。这是一种非常不同的生活方式，我们要很有创意地利用有限的空间，最大限度地利用它，尤其是睡觉区的安排。我们把一个嵌入式壁橱改造成一个小木屋，以便能够放下奥利芙床的床头。挂上临时的窗帘以后，它就变成了让人兴奋的地方，奥利芙觉得在这里就像住在帐篷里。我们在这儿住了六个月，我知道以后它会失去吸引力，但是目前它给人的感觉像是在探险。

对页图 在为孩子们设计空间时，让他们的激情引导你吧。索尼娅和埃里克的儿子萨姆喜欢攀爬，他们为他的卧室加入了活动空间。在这间阁楼卧室里，一张简单低矮的小床营造出一种空间幻觉。

上图 当孩子们表现出对某种颜色的喜好时，正是让他们自己设计房间的时候。塞尔玛（Selma）收藏的黄色和紫色饰品引人注目，给她的空间打上了自己的印记。

下图 对于青春期前的孩子，在他们的房间放入多用途的对桌是一个聪明的选择。一组从 eBay 买来的复古咖啡桌将成为与大点的孩子进行升级改造项目的道具。选择三种他们最喜欢的颜色，然后把每张桌子的桌面涂成不同的颜色。

最有视觉冲击力的卧室都有手工元素。埃
玛用从当地海滩捡拾的漂流木棍制作了一
个墙壁挂件，挂件上还加入了蒙蒂收藏的
喜鹊与野鸡的羽毛。

左上图与右上图 家庭传家宝不一定是贵重的东西。其实，如果它们承载着情感价值，会有意义得多。在蒙蒂卧室的架子上摆放着一艘帆船，这是一份充满爱的礼物，是他曾祖父在20世纪60年代制作的。单个零件随着订阅的模型杂志每周送达一批，持续数周。在安上帆之前，蒙蒂的曾祖母使用茶叶给它染上了更逼真的颜色。蒙蒂是一个热爱自然的人，也是航海童子军的成员，他喜欢用显微镜观察他在短途旅行中收集的昆虫和贝壳。

　　小木屋风格的平台式床占据小屋一角，成为孩子们兴奋玩耍的地方。在小房间里，这种床能够空出跟孩子高度相当的宝贵的地面空间，在此孩子们可以玩各种冒险游戏。但是我不禁想，当蜷在床上为孩子读故事，以及迫不得已在孩子旁边迷迷糊糊睡着时，一张简单的沙发床或箱形弹簧床要舒服很多。

　　如果有足够大的空间，就把孩子的卧室分成两个区域：一个是像小窝一样的睡觉区，另一个是更大、更明亮的游戏区。简单的鸽笼式搁板架，像宜家销售的那种，是分割房间的佳品。它们还兼具储物功能，而且也不会阻挡太多的光线。如果你想找更奇特或独特的物件，试着到 eBay 上搜搜老式复古家具。

下图 卡亚和祖扎的卧室有两个门：一个通往大厅，另一个通往父母的卧室。当他们想跑来跑去做游戏时，这为他们提供了一条有趣的循环路线；在周末，这则创建了一个私密的空间，他们可以躺在床上和对方说话。

卡业枘祖孔很幸运，能够选择他们妈妈所创建的"Lola y Lolo"品牌的床上用品。他们的床是从宜家购买的同款单人床，但他们不同的品味赋予每张床独特的风格。

上图　奥利芙房间的灵感来自于她对冲浪小屋的热爱，以及一次在西班牙南部卡索拉山脉乡村度假屋的度假经历。厚重的手工编织墨西哥床罩被用作窗帘遮挡光线，也给她的房间增添了个性。充满活力的颜色与无光泽的黑色墙壁形成反差，赋予房间戏剧化的效果。

随着孩子年龄的增长，让他们参与设计自己的房间很重要。摄影师埃玛·唐纳利的灵感来自于她儿子对鸟类的喜爱。"当蒙蒂想要一个鸟类标本作为他八岁的生日礼物时，我们联系了当地的一名标本师。蒙蒂没想到会有这样一只精美的鸟，它把他的房间变成了一个特别的地方。"

"四岁时，奥利芙总是自己打理她的房间，我很高兴看到她按照自己的想象进行整理。俯下身来从孩子们的高度看事情：这是他们的空间，一个简单的决定，诸如在墙上适合的高度挂图片，也可以产生天壤之别。"

下图　一些有创意的想法是在不经意间迸发的。安内特的父亲错估了双胞胎房间需要的壁纸量。安内特没有急着去买更多壁纸，而是花时间实践了剪贴的想法，剪裁出一些鸟、蝴蝶和蜻蜓，并将它们粘在门框上。

梦想之家

尼娜·内格尔与西蒙·帕克（Simon Packer）想要打造一个宽敞的家，他们卖掉了伦敦东区时髦的顶楼寓所，在伦敦东南部买了一幢引人瞩目的维多利亚式住房。这幢房子有五层，雅各布（六岁）、利昂（三岁）和亚历克萨（十个月大）每人都有一间卧室，而且还有足够大的空间供尼娜在家经营生意。

上图 我很高兴看到老式设计的复兴。现在市面上有很多现代的钉板，配有架子与钩子，可以作为优良的家庭布告板，但是你也可以购买只有背板的传统钉板，创造出自己的定制收纳空间。

客厅里摆放着若干质量上乘的毯子，孩子们想睡午觉时，方便取用。当男孩子们跑来跑去做游戏时，它们可以被征用作为超级英雄的披肩。

左上图 大大的飘窗下方整齐排列着一排低矮的宜家 Stuva 存储柜。这个明亮、阳光充足的空间装满了乐高积木，成为男孩子们最喜欢的制作和展示模型的地方。

右上图 没有必要买昂贵的配套儿童家具。这个宜家手推车目前摆放着婴儿必需品，但在几年以后亚历克萨可以用它来收放她心爱的玩具，也可以用于厨房中。

下图 给孩子们围绕在大桌子周围玩耍的时间和空间，这比坐在一张儿童尺寸的桌子旁受到的限制要少。尼娜经常在餐桌上铺上巨幅的纸供男孩们一起涂色。

尼娜在汉堡度过了多彩有趣的童年，她的妈妈格拉济耶拉·普赖泽尔（Graziela Preiser）曾经是杂志编辑、艺术导演（负责电影中灯光、布景及服装等）和插画师。20世纪七八十年代，格拉济耶拉为自己的系列布料、床品和瓷器创作插画，并成为德国家喻户晓的名人。毫不奇怪，在被妈妈的设计包围的环境中长大的尼娜，也很热爱印花与色彩。她学了平面设计，然后与合伙人创立了一间工作室，如今已经营七年了。复古风格的再度流行与孩子的降生启发了尼娜，她重新推出了妈妈的设计。重新命名为"byGraziela"以后，这个品牌受到了那些还记得自己儿时图案的家长们的追捧。

尼娜与西蒙家的一楼足够宽敞，能够实现开放式的起居室。对于他们来说，拥有宽敞的公共生活空间很重要，因为他们想要保留家庭团聚的感觉、家庭共度的时光，这是他们所珍视的。

如果这个空间需要添置任何东西，需要经过全家人的同意。孩子们有一套盛放他们物品的玩具盒，

作为家中的第三个孩子，亚
历克萨有很多哥哥姐姐传下
来的物品，但是尼娜还是为
她改造了育婴室。婴儿床是
第三次用了，尼娜为它更换
了新的床垫和防撞垫。

左上图和右上图　尼娜很有创意，有很多让孩子们的卧室独一无二的想法。她没有购买标准的架子放置雅各布的小玩意儿，而是从 eBay 上淘来一套三个的木制展示房。给它们涂漆费时费力，因此她采用了一个聪明又简单的办法，即给它们喷漆。她用了三种主色调，接近她妈妈设计的复古面料的主要色彩。

下图　西蒙初识尼娜时，送给她的第一份礼物中有一张巨大的覆盖整面墙的缝饰世界地图。一起赠送的还有一批魔术贴标签和代表不同国家的象征性物品。这是一种表达"让我们一起环游世界吧"的创新又不寻常的方式。今天它被挂在雅各布房间的墙上，这是传递憧憬旅行精神的完美方式。地图是雅各布的两倍大小，它满足了他对于地理的好奇心，现在他比大多数同龄孩子知道更多国家的名字，也有一串他想要探索的国家。

但是它们看上去不是特别"孩子气"，与成人环境比较协调。尼娜与西蒙喜爱现代家具，但是他们不是特别刻板，而是把它们与有故事的有趣装饰相结合。当审美观相左时，他们能够互相宽容，这样的做法使得家中充满深情。比如，西蒙的赛车奖杯可能对尼娜来说是让她很苦恼的东西，但是它还是被摆在了壁炉台上最显眼的位置，因为他们家的布置原则，简单说来，就是"家庭"。

楼上卧室很多，意味着当决定谁要睡在哪里时，他们的选择空间很大。所有的房间面积都很大，每一间都有自己的特点。但是从某种意义上说，男孩子的卧室是家中最好的。雅各布的房间足够宽敞，可以放下整个火车轨道和巨大柔软的立方体，以供他们玩耍。房间里还有大量的存储空间，放置他不断增多的乐高玩具。宜家的床原本是一件普通又有点笨重的家具，但是他们用纸胶带在床下边的两个抽屉上贴出了"LEGO"字样，让它变成了有趣的存储空间。利昂的房间采光最好，当他在育儿室时，尼娜经常和亚历克萨在那里做游戏。

"byGraziela"品牌的图案把孩子们的卧室装点成快乐空间，在这里有许多柔软的靠垫、丰富多彩的床上用品，还有装裱在画框中的海报。看到男孩子们受到插图的启发玩起富有想象力的游戏，尼娜回想起了自己的童年。

尼娜和西蒙专注于为孩子们创造一种好的养育环境，即使需要做出一些让步。他们很想换下按实际尺寸做的米色地毯，但是他们还是决定到孩子年龄稍微大点再实施。当男孩们在扭打游戏时，很明显相比于木地板，地毯才是激烈打闹时更舒适的表面。

尼娜与她妈妈都很有创造力，这很容易从家中散布在各处的手工制品中发现。在20世纪80年代，尼娜的妈妈制作了一系列的动物造型木椅。它们是她童年的完美玩伴，它们是手工制作的，很有创意。雅各布和利昂每人都有一把椅子，他们很珍惜，因为这是他们的外祖母制作的。

利昂的卧室五彩缤纷，向外祖母的游戏精神致敬。这些经典图案也在尼娜童年的卧室出现过，但是现在还像当时一样给人新奇感。利昂的玩具既有新的也有旧的，他都很喜欢。

家庭问卷调查

你家的座右铭是什么？
在欢笑中学习，有梦想，勇于发现。

用三个词描述你的家庭。
有条理、疯狂、快乐。

尼娜，快乐童年的关键是什么？
积极鼓励创新，并且给予很大的自由。还有，时不时买些新彩笔，因为笔帽总会丢失。

对于设计儿童卧室，你有什么建议？
在功能和设计之间找到平衡。雅各布用他卧室的超大号乐高积木储物就是一个很好的例子。

你们家的东西谁做主？
我们家的很多东西来自我工作时拍摄的照片。我只买了一只大黄兔子，现在它快乐地待在壁炉台上。孩子们也会画新的画，因此变化总在发生。

你喜欢为家中制作东西吗？
是的，现在我就正在编织很多有趣的装饰品呢。

西蒙，对于你童年时的卧室，记忆最深刻的物品是什么？
带有考拉图案的墙纸。

男孩们的童年和你自己的童年有什么相似之处吗？
有，对乐高的喜爱。

雅各布，你喜欢收藏什么？
Match Attax 卡片、健达奇趣蛋的玩具和星球大战人物模型。

你最喜欢你卧室的哪一点？
很安静，适合读书。

你最喜欢什么颜色？
红色、蓝色和白色，因为那是拜仁慕尼黑队球衣的颜色。

利昂，你喜欢玩哪些游戏？
我喜欢玩玩具火车、去公园、与哥哥绕着餐桌进行滑板车比赛。

对页图 孩子们受其所处环境影响，每天自然而然地学习新事物。岁数很小的孩子不需要系统学习，只需要大人给予他们空间去玩耍和探索。利昂的卧室里有五颜六色的动物、车辆、字母和单词，描绘出一幅通过玩耍来学习的画面，发人深思。他对周边的事物充满兴趣，这引发了各种各样的游戏灵感，引起了童年的好奇心。

下图 用装饰图案和古怪的房间装饰来激发孩子们的想象力。在利昂白色卧室墙上散布着黑色乙烯基材料做的星星，让人联想起白雪覆盖的景观。下方的抽屉上，乙烯基材料制成的三角形变成了雪山，它是墙上麋鹿的完美栖息地。在他睡觉时，麋鹿像在看着他，妙趣横生。

亚历克萨的育儿室运用了一种有趣的颜色和图案组合，让人意想不到。卷帘和尿垫上的云朵图案给人梦幻般的感觉，而图案鲜亮的婴儿床床围和地毯则带来了缤纷的色彩。简单的抽屉柜经过黑色心形贴纸装饰后，像来自《爱丽丝梦游仙境》（*Alice In Wonderland*）。

充足的空间会激励孩子们跑来跑去和做游戏。byGraziela 品牌的总部位于阁楼，这个空间并没有禁止孩子们入内，男孩们经常在尼娜工作时，溜上去玩模拟办公游戏。这需要尽量兼顾工作与生活，但在家工作对尼娜和西蒙及三个岁数小的孩子来说是最好的解决方案。

图片出处

All photography by Ben Robertson.

1 The home of photographer Emma Donnelly in Leigh-on-Sea, (www.takeapicturelady.com); 3 The family home of the designer Nina Nägel of byGraziela.com; 4–5 Een Schoon Oog – interior design and styling by Sonja de Groot; 6–9 'The Wild' jungle wallpaper by Bien Fait; 6–13 The Clapton Laundry – available for photographic shoots, boutique events and creative workshops; 14 The home of photographer Emma Donnelly in Leigh-on-Sea, (www.takeapicturelady.com); 15 Chloe Thurston instagram.com/chloeuberkid, uberkid.net; 16 left Textile designer and founder of Missemai, missemai.com; 16 right Een Schoon Oog – interior design and styling by Sonja de Groot; 17 Textile designer and founder of Missemai www.missemai.com; 18 and 19 above left Swedish mamma of four living in Leigh-on-Sea, with Ralph; 19 above right The family home of Thomas, Maiken, Johanne, Selma and Kamma (designed by architects Rasmus Skaarup and Rasmus Frimer Andersen); 19 below right The family home of the architects Jeanette and Rasmus Frisk of www.arkilab.dk; 20 left Textile designer and founder of Missemai, missemai.com; 20 right The family home of the designer Nina Nägel of byGraziela.com; 21–23 left The Clapton Laundry – available for photographic shoots, boutique events and creative workshops; 23 centre The family home of Thomas, Maiken, Johanne, Selma and Kamma (designed by architects Rasmus Skaarup and Rasmus Frimer Andersen); 23 right Agata Hamilton www.my-home.com.pl; 24–27 The family home of the designer Nina Nägel of byGraziela.com; 28–33 The family home of Kasia Traczyk, founder of Radosna Fabryka and founder of Pacz; 34 Monika of Kaszka z Mlekiem.com, co-founder of girlsontiptoes.com; 35 The family home of Aneta of Lola y Lolo in Poland; 36 left Textile designer and founder of Missemai, missemai.com; 36 right The family home of the designer Nina Nägel of byGraziela.com; 37 The Clapton Laundry – available for photographic shoots, boutique events and creative workshops; 38 The family home of Thomas, Maiken, Johanne, Selma and Kamma (designed by architects Rasmus Skaarup and Rasmus Frimer Andersen); 39 above Swedish mamma of four living in Leigh-on-Sea, with Ralph; 39 below Chloe Thurston instagram.com/chloeuberkid, uberkid.net; 40 above The family home of Francesca Forcolini and Barry Menmuir, designers and co-founders of fashion label Labour of Love; 40 below The Clapton Laundry photographic location, boutique event and creative workshop; 41 The family home of the architects Jeanette and Rasmus Frisk of www.arkilab.dk; 43 The Clapton Laundry – available for photographic shoots, boutique events and creative workshops; 43 The family home of Thomas, Maiken, Johanne, Selma and Kamma (designed by architects Rasmus Skaarup and Rasmus Frimer Andersen); 44–49 Małgosia Jakubowska, ladnebebe.pl; 50 The family home of the architects Jeanette and Rasmus Frisk of www.arkilab.dk; 53 The family home of Thomas, Maiken, Johanne, Selma and Kamma (designed by architects Rasmus Skaarup and Rasmus Frimer Andersen); 52–53 The Clapton Laundry – available for photographic shoots, boutique events and creative workshops; 54–55 The family home of the designer Nina Nägel of byGraziela.com; 55 centre and right The family home of Francesca Forcolini and Barry Menmuir, designers and co-founders of fashion label Labour of Love; 56–57 The Clapton Laundry – available for photographic shoots, boutique events and creative workshops; 58 The family home of Thomas, Maiken, Johanne, Selma and Kamma (designed by architects Rasmus Skaarup and Rasmus Frimer Andersen); 59 The Clapton Laundry – available for photographic shoots, boutique events and creative workshops; 60 left The family home of Francesca Forcolini and Barry Menmuir, designers and co-founders of fashion label Labour of Love; 60 centre The family home of Thomas, Maiken, Johanne, Selma and Kamma (designed by architects Rasmus Skaarup and Rasmus Frimer Andersen); 60 right The home of photographer Emma Donnelly in Leigh-on-Sea, (www.takeapicturelady.com); 61 The family home of Thomas, Maiken, Johanne, Selma and Kamma (designed by architects Rasmus Skaarup and Rasmus Frimer Andersen); 62 Textile designer and founder of Missemai, missemai.com; 63 The family home of Thomas, Maiken, Johanne, Selma and Kamma (designed by architects Rasmus Skaarup and Rasmus Frimer Andersen); 64–69 The family home of the architects Jeanette and Rasmus Frisk of www.arkilab.dk; 70–72 The family home of Francesca Forcolini and

Barry Menmuir, designers and co-founders of fashion label Labour of Love; 73 above Monika of Kaszka z Mlekiem.com, co-founder of girlsontiptoes.com; 73 below Een Schoon Oog – interior design and styling by Sonja de Groot; 74–75 The family home of Thomas, Maiken, Johanne, Selma and Kamma (designed by architects Rasmus Skaarup and Rasmus Frimer Andersen); 76 The Clapton Laundry – available for photographic shoots, boutique events and creative workshops; 77 Een Schoon Oog –interior design and styling by Sonja de Groot; 78 left Swedish mamma of four living in Leigh-on-Sea, with Ralph; 78 right Een Schoon Oog – interior design and styling by Sonja de Groot; 79 The family home of Ewa Solarz in Poland; 80 Agata Hamilton www.my-home.com.pl; 81 The Clapton Laundry – available for photographic shoots, boutique events and creative workshops; 82–89 The family home of Francesca Forcolini and Barry Menmuir, designers and co-founders of fashion label Labour of Love; 90 Agata Hamilton www.my-home.com.pl; 91 Chloe Thurston instagram.com/chloeuberkid, uberkid.net; 92 left Een Schoon Oog – interior design and styling by Sonja de Groot; 92 right The family home of Thomas, Maiken, Johanne, Selma and Kamma (designed by architects Rasmus Skaarup and Rasmus Frimer Andersen); 93 The family home of Kasia Traczyk, founder of Radosna Fabryka and founder of Pacz; 94 and 95 left The family home of Francesca Forcolini and Barry Menmuir, designers and co-founders of fashion label Labour of Love; 95 above right Chloe Thurston instagram.com/chloeuberkid, uberkid.net; 95 below right The Clapton Laundry – available for photographic shoots, boutique events and creative workshops; 96 left Een Schoon Oog – interior design and styling by Sonja de Groot; 96 right and 97 The Clapton Laundry – available for photographic shoots, boutique events and creative workshops; 98 Agata Hamilton www.my-home.com.pl; 99 left The house of Silvia and Bart Pogoda in Poland; 99 right Monika of Kaszka z Mlekiem.com, co-founder of girlsontiptoes.com; 100 The Clapton Laundry – available for photographic shoots, boutique events and creative workshops; 101 The home of photographer Emma Donnelly in Leigh-on-Sea, (www.takeapicturelady.com); 102–109 Agata Hamilton www.my-home.com.pl; 110–111 Chloe Thurston instagram.com/chloeuberkid, uberkid.net; 112 and 113 left The family home of Francesca Forcolini and Barry Menmuir, designers and co-founders of fashion label Labour of Love; 113 right Monika of Kaszka z Mlekiem.com, co-founder of girlsontiptoes.com; 114–115 The Clapton Laundry – available for photographic shoots, boutique events and creative workshops; 116 Een Schoon Oog – interior design and styling by Sonja de Groot; 117 above Monika of Kaszka z Mlekiem.com, co-founder of girlsontiptoes.com; 119 below The family home of Ewa Solarz in Poland; 118 The family home of Aneta of Lola y Lolo in Poland; 119 The family home of the designer Nina Nägel of byGraziela.com; 120–121 The family home of Ewa Solarz in Poland; 122–127 Chloe Thurston instagram.com/chloeuberkid, uberkid.net; 128–129 The family home of the designer Nina Nägel of byGraziela.com; 130 left The house of Silvia and Bart Pogoda in Poland; 130 right Monika of Kaszka z Mlekiem.com, co-founder of girlsontiptoes.com; 131 Agata Hamilton www.my-home.com.pl; 132–133 Chloe Thurston instagram.com/chloeuberkid, uberkid.net; 134 left Chloe Thurston instagram.com/chloeuberkid, uberkid.net; 134 above right The family home of Thomas, Maiken, Johanne, Selma and Kamma (designed by architects Rasmus Skaarup and Rasmus Frimer Andersen); 134 below right Monika of Kaszka z Mlekiem.com, co-founder of girlsontiptoes.com; 135 Chloe Thurston instagram.com/chloeuberkid, uberkid.net; 136–137 left The home of photographer Emma Donnelly in Leigh-on-Sea, (www.takeapicturelady.com); 137 right Agata Hamilton www.my-home.com.pl; 138 The family home of Thomas, Maiken, Johanne, Selma and Kamma (designed by architects Rasmus Skaarup and Rasmus Frimer Andersen); 139 Een Schoon Oog – interior design and styling by Sonja de Groot; 140–141 above The home of photographer Emma Donnelly in Leigh-on-Sea, (www.takeapicturelady.com); 141 below right, 142 and 143 below The family home of Aneta of Lola y Lolo in Poland; 143 above The Clapton Laundry – available for photographic shoots, boutique events and creative workshops; 144–154 The family home of the designer Nina Nägel of byGraziela.com; 158 Chloe Thurston instagram.com/chloeuberkid, uberkid.net.

材料来源

FASHION AND HOME STORES Beldi Rugs
www.beldirugs.com
Handcrafted Moroccan rugs.

Bien Fait
www.bien-fait-paris.com
For exceptional wallpaper.

Blik
www.whatisblick.com
Self-adhesive wall graphics, including Dan Golden's Hole To Another Universe.

ByGraziela
www.bygraziela.com
Colourful retro fabric designs and children's products from Germany.
Corby Tindersticks
www.corbytindersticks.com
Distinctive prints, posters, cushions and height charts.

Laura Lees
www.laura-lees.com
Commission a piece of "guerilla" embroidery or attend a tuition session.

Mimi'lou
www.mimilou-shop.fr
Whimsical prints and wall stickers.

Mini Moderns
www.minimoderns.com
Fabrics, rugs and wallpapers, including designs that can be coloured in.

Nonchalant Mom
www.nonchalantmom.com
Clothes, toys and cosy homewares.

Nubie
www.nubie.co.uk
Modern nursery and children's decor.

Olive Loves Alfie
www.oliveslovesalfie.co.uk
Creative family store with a carefully curated mix of art materials, children's fashion, furniture and homewares.

Rob Ryan Studio
www.robryanstudio.com
Everything from screenprints to ceramic tiles embellished with Rob's paper cuts.

Skandium
www.skandium.com
Scandinavian design store selling the bold and cheerful Marimekko fabrics.

Eva Sonaike
www.evasonaike.com
African-inspired fabrics and home decor.

Stick-Lets
www.stick-lets.com
Pocket-sized DIY kit for den-making.

The Mexican Hammock Company
www.hammocks.co.uk
Handmade hammocks as well as vibrant Mexican homewares.

BLOGS
www.ashlyngibson.co.uk
My personal blog of family life.

www.babyccinokids.com
A parenting blog by three friends in Amsterdam, London and Paris.

www.dosfamily.com
A blog about home decorating and child-friendly lifestyles by photographer Jenny Brandt.

www.ladnebebe.pl
A family style blog written by Malgosia Jakubowska in Warsaw, Poland.

www.katrinarodabaugh.com
Crafting blog by Katrina Rodabaugh, author of The Paper Playhouse.

www.lovetaza.com
A blog about Taza's adventures in New York City with her young family.

www.pirouetteblog.com
Florence Rolando's blog about family lifestyle and children's design.

www.practisingsimplicity.com
Jodi Wilson's blog celebrates family
life with three children in Australia.

www.zilverblauw.nl
Anki and Casper's blog full of passion about design and family life.

SHORT FILMS
The Adventures of a Cardboard Box
https://vimeo.com/25239728
Award-winning short film that celebrates the imagination of children and the versatility of the humble cardboard box.

Caine's Arcade
www.cainesarcade.com
A short film about nine-year-old Caine's handmade cardboard arcade.

JOIN THE MOVEMENT....
Imagination Foundation
www.imagination.is
Set up to celebrate the natural creative talents of every child.

INSTAGRAM
https://instagram.com/ali__dover/
Photographer Ali Dover.

https://instagram.com/ashlyn_stylist/
A visual diary of my personal projects.

https://instagram.com/papiermache magazine
A very cute children's fashion magazine.

案例来源

Rasmus Frimer Andersen and Rasmus Skaarup
Architects
2r arkitekter ApS
Trepkasgade 9
2100 Copenhagen
Denmark
T: +45 40 34 16 42
E: rs@a2rk.dk
www.2r-arkitekter.dk
Pages 19 above right, 23 centre, 38, 43, 51, 58, 60 centre, 61, 63, 74–75,
92 right, 134 above right, 136.

Ark_lab
Democratic Urban Design and Strategy
Birkegade 4
2200 Copenhagen
Denmark
E: mail@arkilab.dk
www.arkilab.dk
Pages 19 below right, 41, 50, 64–69.

Emma Donnelly
Photographer
www.takeapicturelady.com
Pages 1, 14, 60 right, 101, 136, 137 left, 140, 141 above.

Sonja de Groot
Een Schoon Oog
Interior Styling
T: + 31 6 10 35 01 00
E: Sonja@eenschoonoog.nl
www.eenschoonoog.nl
Pages 4–5, 16 right, 73 below, 77, 78 right, 92 left, 96 left, 116, 139.

Agata Hamilton
My Home
Furniture, Lighting and Interiors
www.my-home.com.pl
Pages 23 right, 80, 90, 98, 102–109,
131, 137 right.

Kaszka z Mlekiem
www.kaszkazmlekiem.wordpress.com
Pages 34, 73 above, 109 right, 113 right, 117 above left, 130 right, 134 below right.

Małgosia Jakubowska
ladnebebe.pl
Pages 44–49.

Labour of Love
www.labour-of-love.co.uk
E: info@labour-of-love.co.uk
40 above, 55 centre, 55 right, 60 left, 70–72, 82–89, 94, 95 left, 112, 113 left, 155.

Lola y Lolo
Bedding and accessories
www.lolaylolo.com
Pages 35, 118, 141 below right, 142,
143 below.

Missemai
Prints and junior bed linen
missemai.com
Pages 16 left, 17, 20 left, 36 left, 62.

Nina Nägel
byGraziela
Original designs by Graziela Preiser
www.bygraziela.com
Pages 3, 20 right, 24–27, 36 right, 54–55, 119, 128–129, 144–154.

OtherLetters
Bringing words and parties to life
www.otherletters.co.uk
Pages 18, 19 above left, 39 above, 78 left.

Radosna Fabryka
www.radosnafabryka.pl
Pages 28–33, 94.

Silvia Pogoda
Photographer
www.silviapogoda.com
and
www.iwanttobeafool.com
Pages 99 left, 130 left.

Ewa Solarz
E: ewa.solarz@domplusdom.pl
www.domplusdom.pl
Pages 79, 117 below, 120–121.

Chloe Thurston
instagram.com/chloeuberkid
uberkid.net
Pages 15, 39 below, 91, 95 above right, 110–111, 122–127, 132–133, 134 left, 135, 158.

致　谢

　　这本关于家庭风格的书，像房间的主人一样给人启发。我觉得很幸运，发现了许多独特而有创意的家庭。非常感谢摄影师本·罗伯逊（Ben Robertson）和 Ryland Peters and Small 出版社的出色团队，他们支持我出版第二本书，并且分享我的看法。

　　当我在撰写书稿时，有一个出色团队的支持，让我的世界顺利运转。感谢艾莉森（Alison）和唐娜（Donna）让 Olive Loves Alfie 正常营业。谢谢奥利芙，我酷酷的十二岁女儿，她明白追逐梦想的重要性。谢谢马修（Matthew），感谢他给我的爱和为我所做的一切。最后谢谢我的妈妈，她用她的爱、创意和无私不断地激励着我。

译后记

　　本书是阿什琳·吉布森继《创意家庭空间》之后的第二本书。她不仅是一名室内设计师，也是儿童品牌店 Olive Loves Alfie 的创立者和所有者。她在有了女儿奥利芙之后，开始特别关注家庭生活。她根据奥利芙成长过程中不断变化的需求，改变空间的形式，陪伴她一起成长。

　　本书以与孩子一同成长为核心，从成长的空间，色彩与图案，神奇的墙，巧妙储物，展示艺术，隐秘小窝、躲藏处与游戏区，创意空间和家庭作业区，以及温暖舒适的卧室等方面，通过众多详细的案例，详尽阐述了如何将创意和灵感与儿童成长过程中不断变化的需求相结合，打造利于孩子生活、成长的空间布置与特色空间。

　　作为设计行业的从业者，刚拿到原版书时最吸引我的不是书中室内空间的处理、功能的布置转化，抑或色调的搭配，而是新奇而又有想象力、打造亲子关系的理念。

　　我个人最喜欢、感触最深的是书中每个章节案例中的采访问答部分。你们家的座右铭是什么，请用三个词来描述下你家，你最喜欢家里的哪处布置、哪个物件……自由、平等和民主理念并非与生俱来，是从小家庭教育环境熏陶培养的。

　　我们一直注重家庭，但如今渐渐有了偏移，有时节假日一家人才能聚在一起。在小孩的培养上，舍得大把花钱，什么都要给孩子最好的，不能让他们输在起跑线上。但是，和孩子在一起的时间却少得可怜……殊不知，对于孩子而言，他们真正需要的是家人的陪伴和一个快乐的童年。

　　因此，与其说这是本设计书，我更愿意将它当成一本打造亲子关系的读物。细细想来，家长能与孩子亲密无间的日子也就他们学前短短的几年，因此请满怀同理心，尊重孩子的意愿和想法，给他们一个快乐的童年，把他们培养成有想法、能做梦、会创新的未来主人翁。

　　最后，要特别感谢周洋、徐婷、谭倩枝、周莎等人。他们在本书翻译过程中帮忙查找资料、校对译文，这才使得我们能在短时间内完成整本书的翻译与校对工作。因时间仓促，译文中难免有不足之处，恳请读者批评指正，在此深表感谢！

徐文敏

2017 年 8 月于深圳